新时代
技术
新未来

Mining Over Air

Wireless Communication
Network Analytics

移动通信大数据分析
数据挖掘与机器学习实战

[中] **欧阳晔**（Ye Ouyang）　　[中] **胡曼恬**（Mantian Hu）
　　　　　　　　　　　　　　　　　　　　　　　　　　　　著
[法] **亚历克西斯·休特**（Alexis Huet）　[中] **李中源**（Zhongyuan Li）

徐俊杰 —— 译

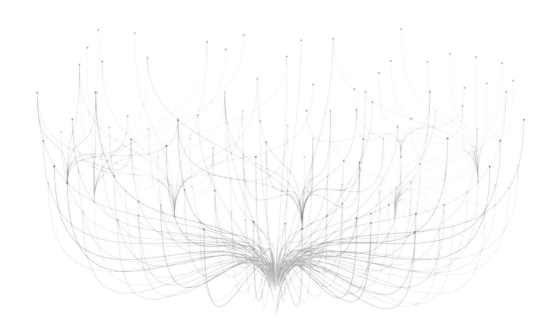

清華大學出版社
北 京

北京市版权局著作权合同登记号　图字：01-2019-5926

图书在版编目（CIP）数据

移动通信大数据分析：数据挖掘与机器学习实战 / 欧阳晔等著；徐俊杰译 . 一北京：清华大学出版社，2020.12
（新时代·技术新未来）
书名原文：Mining Over Air: Wireless Communication Network Analytics
ISBN 978-7-302-54124-0

Ⅰ.①移… Ⅱ.①欧… ②徐… Ⅲ.①移动网—数据采集②机器学习 Ⅳ.① TP274 ② TP181

中国版本图书馆 CIP 数据核字 (2019) 第 247853 号

责任编辑：刘　洋
封面设计：徐　超
版式设计：方加青
责任校对：王凤芝
责任印制：杨　艳

出版发行：清华大学出版社
　　　　　网　　　址：http：//www.tup.com.cn，http：//www.wqbook.com
　　　　　地　　　址：北京清华大学学研大厦 A 座　　　　邮　　编：100084
　　　　　社 总 机：010-62770175　　　　　　　　　　邮　　购：010-62786544
　　　　　投稿与读者服务：010-62776969，c-service@tup.tsinghua.edu.cn
　　　　　质 量 反 馈：010-62772015，zhiliang@tup.tsinghua.edu.cn
印 装 者：小森印刷（北京）有限公司
经　　销：全国新华书店
开　　本：187mm×235mm　　　　印　　张：13.25　　　字　　数：239 千字
版　　次：2020 年 12 月第 1 版　　　印　　次：2020 年 12 月第 1 次印刷
定　　价：99.00 元

产品编号：085561-01

内容简介

　　本书以 4G / 5G 无线技术、机器学习和数据挖掘的新研究和新应用为基础，对分析方法和案例进行研究；从工程和社会科学的角度，提高读者对行业的洞察力，提升运营商的运营效益。本书利用机器学习和数据挖掘技术，研究移动网络中传统方法无法解决的问题，包括将数据科学与移动网络技术进行完美结合的方法、解决方案和算法。

　　本书可以作为研究生、本科生、科研人员、移动网络工程师、业务分析师、算法分析师、软件开发工程师等的参考书，具有很强的实践指导意义，是不可多得的专业著作。

致谢

我谨将最诚挚的爱献给我的女儿欧阳琳琅和我的妻子徐蓉蓉，感谢你们陪伴我并给我无尽的支持。

——欧阳晔博士

我想借此机会感谢我的父母黄兴和胡学峰，感谢你们对我一直以来的宝贵支持！

——胡曼恬博士

谢谢我的妻子敏珠和我的儿子丹尼尔，你们给了我力量，让我脚踏实地、阔步向前！

——李中源

主 要 作 者 简 介

欧阳晔　博士

■ **亚信科技首席技术官、高级副总裁**

欧阳晔博士目前全面负责亚信科技的技术与产品的研究、开发与创新工作。加入亚信科技之前，欧阳晔博士曾任职于美国第一大移动通信运营商威瑞森电信（Verizon）集团，担任通信人工智能系统部经理，是威瑞森电信的 Fellow。欧阳晔博士在移动通信领域拥有丰富的研发与大型团队管理经验，工作中承担过科学家、研究员、研发经理、大型研发团队负责人等多个角色。欧阳晔博士专注于移动通信、数据科学与人工智能领域跨学科研究，致力于 5G 网络智能化、BSS/OSS 融合、通信人工智能、网络切片、MEC、网络体验感知、网络智能优化、5G 行业赋能、云网融合等领域的研发创新与商业化。

欧阳晔博士在多个国际标准、技术、工业和学术组织中担任职务，包括 3GPP 和欧洲通信标准组织（ETSI）公司代表、IEEE 5G 峰会工业界主席、IEEE Sarnoff 行业主席、IEEE 工业互联网（ICII）工业界主席、IEEE GLOBECOM 高层管理论坛主席、IEEE 大数据委员会执行委员、IEEE 计算、网络及通信国际会议（ICNC）研讨会主席、IEEE 无线通信研讨会（WTS）及 IEEE 无线与光通信会议（WOCC）大数据委员会主席、机械工业出版社专家咨询委员会委员等，并在多种期刊担任编委和审稿人，以及在多个学术会议担任审稿人。

欧阳晔博士在工业界与学术界获得多项荣誉与奖励，包括 2018—2019 年度 TMForum 电信业未来数字领袖大奖、2017 年美国杰出亚裔工程师奖、2017 年 IEEE 国际大数据会议最佳论文奖、2017 年美国电信业创新大奖和最佳 OSS/BSS 产品奖、2017 年北美最佳运营商大数据系统奖、2016 年美国电信业创新大奖、2015 年 IEEE 无线通信年会"无线通信跨领域贡献奖"、2012 年美国总统科学技术与政策办公室电信大数据研究基金等。

欧阳晔博士发表了 30 余篇学术论文，拥有 40 余项专利，提出 10 余项国际标准，著有 5 本学术书籍。欧阳晔博士拥有中国东南大学无线电工程系学士学位、美国哥伦比亚大学硕士学位、美国塔夫茨大学硕士学位和美国斯蒂文斯理工学院博士学位。

胡曼恬

现任香港中文大学工商管理学院市场学系副教授、营销工程中心主任。她曾获美国 Society for Marketing Advance 学会博士论文竞赛最佳论文奖。她的主要研究方向是运用前沿的实证方法进行数据分析和挖掘，探索和解释 TMT、汽车、电商和 FinTech 等行业中的消费者行为，特别是社交网络、口碑效应及人际互动在营销活动中的作用及影响。其研究成果发表于 *Marketing Science*、*Management Science*、*The International Journal of Research in Marketing* 等国际顶尖营销类学术期刊。胡教授担任香港数码分析协会荣誉顾问，并为国内外市场研究公司、电信企业及手机制造商提供营销策略咨询。胡教授本科毕业于复旦大学，于纽约大学 Stern 商学院取得博士学位。

译│者│简│介

徐俊杰

TM Forum 高级技术协作总监，2002 年获英国赫瑞瓦特大学分布式多媒体硕士学位。先后在中国石油大学、Comverse、亚信、华为等单位担任讲师、全球培训师、咨询顾问、解决方案专家等职务，为全球超过三十个国家的运营商、厂商和咨询公司等提供过培训和咨询服务。

翻译出版了 4 本专业图书：《数字经济大趋势：正在到来的商业机遇》《跨界与融合：互联网时代企业合作模式与商业新机遇》《架构即服务：企业数字化运营架构设计与演进》《数字经济生存之道：电信运营商转型》。

第五代移动通信（The Fifth-Generation，5G）与人工智能（Artificial Intelligence，AI）作为 21 世纪最新的一组通用目的技术（General Purpose Technology，GPT），与 19 世纪、20 世纪以电力、内燃机、计算机和互联网为主的 GPT 一样，将极大地促进人类社会从工业化、信息化到数字化的变革发展。全球通信运营商们，从 3G 时代开始逐渐探索自动化与智能化的技术在通信网络与业务生产系统中的应用。结合大数据的发展，通信生态系统中网络与业务的特征数据得以细粒度地被记录、存留在数据仓库或者数据湖中。那么对这些数据进行有效、准确的分析，形成主动性与预测性的决策，促进通信网络与业务运营效率的提升，成为全球通信运营商们数字化转型中一个重要的课题。

在通信运营商生态系统中利用海量数据做自动化与智能化分析，有两条主线在平行发展。在网络领域，我们称之为网络智能化（Network Intelligence），即在网络基础设施或应用管理系统中利用统计学、数据科学、人工智能等技术，在网络的规划、建设、优化、运维的全生命周期中构建敏捷、自动化与智能化的决策与运行机制。网络智能化的决策与运行机制通常由智能化的信息系统来承载实现。这一智能化新系统既可以作为网络基础设施的一部分与网络设施融合存在，也可以作为独立的智能化网络信息系统存在，与网络基础设施通过一套标准化的互联互通规则对网络设施本身进行智能化管理和运行。在业务领域，我们称之为商业智能（Business Intelligence），即在业务支撑系统（Business Supporting System，BSS）中利用统计学、数据科学、人工智能等技术，在业务的运维与运营的全生命周期中构建敏捷、自动化与智能化的决策与运行机制。智能化的决策机制被注入和融入业务支撑体系的各种生产与运行系统中，例如客户关系管理（Customer Relationship Management，CRM）、计费系统（Billing System）、经营分析系统等。

　　本书作者在移动通信领域拥有丰富的技术管理经验，亲身经历、领导并实践了过去10 年中通信领域的数据科学在美国通信运营商蓬勃发展的历程。本书的内容以数据科学和移动通信网络理论为基础，应用于运营商真实的业务场景，将通信大数据与机器学习算法技术深入地应用于通信运营商网络领域与业务领域的各种实际案例中。书中的每一个通信场景案例都用实证分析和量化数据分析的形式呈现，作者将通信网络与业务领域的知识与机器学习算法相结合，演绎并推导出量化可执行的决策，为运营商探索数字化时代以数据驱动网络与业务运营提供了很多宝贵的经验总结。

　　作为一本在通信大数据领域中技术结合案例分析，并立足于实践的图书，它既适合广大通信、信息、计算机领域的研究生和运营商与通信业软硬件企业的研发人员学习参考，也适合对移动通信、数据科学、人工智能技术感兴趣的读者阅读。

田溯宁　博士

亚信科技董事长

2020 年 11 月于北京

在过去的数十年中，电信行业在大数据的使用及数据分析技术领域始终是领先者。正因如此，电信行业可以更好地了解自己的网络、业务、市场和客户。随着更新兴和强大的网络技术不断演进，电信行业也在持续发展，从 IP 到各代的蜂窝网络，其在可提供的数据与数据问题分析方面都做出了突破性的贡献。电信网络生态系统中产生的数据，包括从物理层到应用层的数据，各种业务的数据，以及用户画像数据等，使得电信行业的业务专家和数据科学家可以探索一个全新的范式——数据驱动的运营，从而更好地运营电信业务与网络。不同于传统的方法，例如仿真与统计分析，电信数据分析是利用通信原理与数据科学领域的知识结合，对通信生态系统中的业务与网络做基于数据驱动的洞察决策。数据驱动的洞察决策需要通信运营商知道为什么（Know Why），即为什么网络与业务的表现有所改变，也需要知道如何（Know How），即如何改进结果，例如业务质量与体验在某一颗粒度上的迅速改进，而不是依赖于传统自动化数据工具的人工分析。

这本书将数据挖掘（尤其是机器学习）与网络相融合。数据挖掘与分析扮演着一辆汽车的角色，通过决策智能的隧道开往洞察决策的终点。本书致力于缩小网络与业务的商业问题与运营商形成可执行决策之间的鸿沟。本书的作者融合了通信与数据科学领域的知识，用实证研究来分析电信运营中的各种典型问题。

在网络领域，数据驱动的网络分析已经开始针对网络全生命周期赋能，包括网络规划、部署、优化和维护。本书介绍了基于统计学、数据挖掘和机器学习等技术的数据分析，以量化分析的形式阐述如何更好地规划、优化和运营现代移动通信网络。相比传统的方法，一套数据分析方法集体现了更好的准确性、稳定性、健壮性，从而保证电信运营商的网络运维的服务质量可以维持在优秀的水平，并体现了更高的精细度水准。由此，运营商可以给用户带来更好的体验，并使自己的运营、管理和维护工作得到显著的效率提升。

在业务领域，本书详细地介绍了商业智能，商业智能主要用来解决电信市场、客户关系管理、客户服务等领域的商业问题。本书介绍了一套数据分析方法集，用于解决不同的电信业务问题，例如推测用户的离网流失，评估终端质量，用户行为画像，分析用户体验感知等。

作为通信数据科学领域的一名老兵，我见证并经历了全世界通信领域的大数据分析在过去 20 年的发展。本书是一本很及时且关键的里程碑式的著作，系统总结了先进的数据分析技术如何赋能通信业的网络和业务两个领域的成果。欧阳晔博士不仅是我学术上紧密的合作者，也是美国威瑞森电信的 Fellow 和通信人工智能系统部经理。我相信他在威瑞森电信的通信数据科学的经验，会对通信业同人们运用数据科学对移动通信技术演进持续赋能提供很大的帮助。

本书适合通信行业的数据科学家、数据工程师、业务专家和管理者以及电信管理、数据科学、电子工程、计算机工程专业的研究生阅读和学习。

大卫·贝兰格　博士

AT&T（美国电话电报）公司首席科学家，AT&T 香农研究院副总裁

美国斯蒂文斯理工学院教授

目 录

第 1 章　概　述

第 2 章　电信分析方法论

第 3 章　LTE 网络性能趋势分析

第 4 章　热门设备就绪和返修率分析

第 5 章　VoLTE 语音质量评估

第 10 章　传染式客户流失

第 11 章　基于社交网络的精准营销

第 12 章　社交影响和动态社交网络结构

第1章

概　　述

1.1　电信业大数据分析

电信生态系统是一个天然的大数据仓库，对于那些知道如何挖掘它的人来说，它就是一个智慧宝库。然而，不能简单认为"大数据"就是集合大量的数据，这是因为电信大数据分析不单纯是数据库问题，而是一个如何理解电信数据的问题。得益于网络的演进和智能手机数量的暴增，电信运营商（CSPs）可以获取海量的用户、网络和应用数据，这些数据是极具价值的信息资产。同样，获益于大数据分析的强大能力，电信运营商才能对网络模式和消费者行为有更深刻的洞察。

大数据最初为电信业而生。当谈到大数据时，电信业由于在日常业务过程中所采集数据的绝对广度和深度而具有其独特的优势。电信运营商每天都处于大数据世界中，大数据已经成为电信业无处不在的一部分，每秒都有大量的数据通过互联互通产生，如用户发起语音、视频或数据呼叫，发送短信，上网等。

近年来，电信业的数据呈指数级增长。智能手机、移动宽带、物联网和 5G 网络等带来了海量数据，同时也给电信网络生态系统带来了众多且不可预测的变化，如更多的信令流量、新应用的并发连接及每个数据应用连接所消耗的数据流量的变化，这些变化带来的结果是数据使用量的大幅增加和带宽消耗的爆炸式增长[1]。

集成电路技术的发展速度最先被英特尔的戈登·E.摩尔注意到，被称为摩尔定律，摩尔定律似乎在分析用户在使用电信网络中产生和传输的数据时更加适用。近年来，全球 4G 用户呈指数级增长。截至 2017 年第一季度，全球 LTE 用户总量达到 21 亿 [2]，这种惊人的增长推动了网络流量的快速增长。2016 年全球移动数据流量增长了 63%。全球移动数据流量从 2015 年年底的每月 4.4EB 上升到 2016 年年底每月 7.2EB。全球移动数据流量在过去 5 年中增长了 18 倍 [3]。在 5G 时代，物联网通信产生的数据量预计将超过人类产生的数据，预计 2020 年将有 320 亿台设备产生 44 万亿 GB 的数据 [4]。

随着终端设备、网络、应用和服务产生的数据呈滚雪球效应式增长，电信数据分析对于电信运营商真正了解网络、客户、业务和行业本身变得至关重要。大多数运营商积极利用数据分析来提高网络效率、客户分群和提高盈利能力，并取得了一定的成功。多年来，电信运营商实际上已经使用了各种技术手段来处理这些数据，包括统计分析、数据挖掘、知识管理和商业智能。随着海量数据被准确地捕获并加以专业分析，这些数据将有助于我们洞悉事物的本质，从而提高内部效率。展望未来，电信业大数据分析面临着更严峻的挑战：如何获得更深入的理解、洞察事物内在本质、模式和关联关系、从大量数据中提炼出有意义的信息，最终采取富有洞察力的行动来增加整个电信价值链的收入和利润（从网络运营到产品开发再到营销、销售和客户服务，甚至数据变现）[5]。电信运营商甚至可以利用这些深入洞察的数据来帮助诸如农业、电力公共事业和医疗保健等其他行业。

电信运营商处于电信大数据领域的核心，拥有数据"金矿"，这些数据使它们能够以较高的水平来理解其网络、服务和用户。近年来，电信运营商受到非传统竞争对手的挤压、降低成本的压力，以及客户忠诚度变化和动态技术环境的冲击，面临诸如 Google 和 Facebook 等 OTT 互联网公司蚕食收入的竞争局面，而大数据则为电信运营商提供了一个独特的利器，运营商需要更好地利用大数据技术使自身更具竞争力，扭转近年来收入和利润下降的不利局面 [6]。

1.2　电信大数据分析的驱动力

在 CT 与 IT 不断融合的背景下，整个电信业的外部环境日益严峻，体现在运营商之间竞争惨烈、网络中立法规的不利影响、OTT "玩家"直接威胁和技术变革等各个方面。电信运营商需要走出"舒适区"，避免被非传统"玩家"击败。因此，在电信业中充分利用大数据来增加自身竞争力的驱动力是显而易见的。

第一，电信业处于竞争日益激烈的严峻环境中，激烈的市场竞争导致利润和每用户平均收入（ARPU）的下降。是否可以通过电信数据分析建立一个新的商业模式来扭转这种下降趋势？通过分析，实现电信数据变现是一种选择。

第二，像 Facebook、Google、Snapchat、Netflix 等这样的 OTT "玩家" 不花一分钱就可以使用运营商的网络。在运营商的免费网络之上，OTT "玩家" 向客户提供语音、数据和内容服务。很明显，这直接影响了电信运营商的收入。网络中立政策使得 OTT公司可以在电信运营商投巨资（CAPEX/OPEX）打造的信息高速公路上免费 "行驶"，导致运营商在传统语音和数据服务上的 APRU 值持续下降。

第三，电信公司需要在信息技术和电信（ICT）融合的过程中跟上技术变革不断前进的步伐。与仅仅拥有应用层数据的 OTT "玩家" 相比，电信运营商的独特优势是拥有从物理层到应用层的全栈数据。有了正确的分析解决方案和产品，电信运营商将对整个ICT 行业有更全面的认知，这将帮助运营商扭转在与 OTT "玩家" 的竞争中所处的不利局面。

第四，受上次全球经济衰退的影响，电信业也不例外地跌入低谷。电信运营商都面临着提高运营效率和降低成本的巨大压力，同时还要将服务质量保持在最佳水平。电信分析的目标集中在两个方面：提高内部业务效率和利用新的商业模式实现数据变现。大多数电信运营商已经开始利用对其内部数据的分析结果来提升其网络、设备、服务、应用、客户和运营效率，并取得了一些成功。然而，大数据潜力比想象中的还要诱人：需要将数据分析变现扩展到整个电信价值链，从网络运营到新产品开发、市场营销和销售、客户关怀，甚至将电信数据变现扩展到其他行业。

1.3　大数据分析对电信产业价值链的益处

电信运营商大数据分析是洞察的载体。电信业数据分析同时涉及数据科学和电信领域的分析方法、分析工具和分析技术。所有这些需要在数据之间建立关联、识别趋势和模式并预测结果。大数据分析为电信业发掘数据宝藏奠定了基础。

例如，如果电信运营商希望改善其零售商店的客户服务，它可以通过大量客户触点收集客户的感受数据。对这些数据的后续分析将帮助电信运营商深入洞悉这个客户，如客户更喜欢的服务、服务的使用频率、总体品牌感受等。这些分析结果极具价值，但在深入探讨电信运营商如何优化其服务以满足传统市场和新兴市场的需求时，这些数据分析结果仅仅是一个出发点。因此，尽管数据分析显然有助于更深入地了解客户的统计资料和感受，但对这些发现进行更加仔细的洞察，以得到重要的深刻见解，是电信运营商的重要工作。

那么，电信业能从大数据中获得哪些收益？理解这点非常关键。

第一，必须更好地了解网络。网络分析帮助移动运营商（MNOs）更好地利用内部的网络信息，使网络运行更可靠、更健壮、更具可扩展性。网络分析帮助电信运营商在网络的整个生命周期中受益：网络规划、网络部署和网络维护（优化）。在网络规划阶段，分析首先为未来的网络需求做好准备。网络规划分析有助于电信运营商在网络估算时了解网络流量的未来需求，可以提前精准规划新的网络基础设施或网络扩容的投资性支出（CAPEX）。在网络部署和优化阶段，电信运营商可以通过分析诊断方法，充分利用网络分析来优化其网络性能和质量。

第二，更好地了解客户。大数据的能力使得通过网络、设备、应用、社交媒体等方面获取的数据信息更容易地了解客户的概况、行为和模式，有助于进一步建立以用户为中心的指标体系，了解用户体验质量。

第三，更好地理解应用程序。在运营商网络之上运行的各种互联网应用程序给无线网络带来了许多不可预测的变化，如更大的信令流量、新应用程序的并发连接及每个数据应用程序连接所消耗的数据流量的变化。电信运营商可以利用分析来更好地了解应用程序如何影响自身的网络和服务，并相应地深入了解应用程序模式和消费者行为。

1.4　电信大数据的实现范围

与电信业传统的数据仓库和数据库技术相比，大数据分析可以为未来的网络需求做好准备，也可以了解客户体验的质量[7]。特别地，大数据可帮助移动运营商利用其网络中的潜在信息和数据，使其网络更健壮、更优化和更具可扩展性。凭借实时计算能力，大数据通过实时分析网络流量或模式来帮助优化路径和服务质量。大数据使得从网络数据或社交媒体信息中详细地了解客户变得更容易，有助于建立以用户为中心的 KPI 体系来更好地理解用户体验。在本章中，我们将介绍电信业中所使用的大数据技术、用例、最新的研究成果和面临的挑战、在网客户和市场的分析以及商业模型。

1.4.1　网络分析

移动运营商需要通过网络可视化来了解网络如何服务其内部管理和外部客户。移动通信网络中的基站（eNB）数据采集故障可能导致服务降级或服务中断，更换设备通常比维修更昂贵，所以维护工作既不能太早，也不能太晚。当下，电信网络正从传统的硬件和以设备为中心的部署向基于云的部署过渡。网络功能虚拟化（Network Function Visualization，NFV）或软件定义网络（Software Defined Networking，SDN）[8,9] 为所有网络功能组件中较重要的组件，这两者的目的都是虚拟化网络应用程序和网络连接。大数据分析工具保存网络中的非结构化、流式和传感器数据。在当前的大数据工具中，Hadoop 或 Spark 平台存储和处理来自网络的非结构化、流式和传感器数据。移动运营商通过将实时信息与历史数据进行比较，得出最优的维护计划。通过 Spark 或其他机器学习库提供的 MLlib 或 ML（高级 API），算法可以帮助移动运营商分析它们的网络，在设备损坏之前进行修复以减少维护成本和防止服务中断。

1. 通话中断分析

移动运营商在扩展其宽带服务的同时需要聚焦与提高其网络性能[10]，因为网络故障或网络中断会导致通话中断和语音质量下降。此类事件会损害电信运营商的声誉，也会增加其客户流失。因此，移动运营商应持续监控其网络以防止此类故障，要尽早从根本上解决问题。不满意的客户可能不会频繁投诉通话中断，但这些客户流失的可能性会加大，他们可能会转寻其他能提供更好的服务 / 信号覆盖的运营商。

为了解决这些问题，移动运营商可以分析用户产生的通话详单（CDR）数据，并与相应的时间段的网络设备日志进行关联，然后对通话中断原因进行分类。在 Hadoop 大数据平台中，Flume 是处理数据导入的工具，能够将数百万条通话详单注入 Hadoop 中。在实时机制中，Apache Storm 通过模式识别算法来发现这些数据中的各种故障模式。

2. 异常检测

在无线网络中，异常是偏离正常网络行为的异常流量模式[11]。数据挖掘和机器学习中，异常被称为不正常、偏差或极端值。无线网络中的异常可以由各种因素引起，如新特性的实现、网络入侵或灾难事件。在许多情况下，例如入侵事件的异常值仅仅是多个数据点的序列，而不是单个数据点。近年来，网络监控设备的容量越来越大，能够以较高的采样率采集数据。

利用大数据平台，精心设计的异常检测系统可以帮助我们从大量噪声数据中提取有用信息。在大多数应用程序中，收集的数据由多个进程生成，即共现数据。共现数据通常是两组基本观测联合出现：一组的流量数据（观测值— W）与另一组中的生成实体（时间戳或节点 ID-D）相关联。对共现数据建模（具有生成实体的流量数据）是异常检测中的基本问题。当一般分布随生成实体（时隙或节点 ID）变化时，有效的异常检测会识别出这种变化。

利用像 Spark 中的 MLlib 等机器学习库，可以有效地检测和识别网络行为模式或网络异常值。

3. 网络性能健康度

传统网络优化的工作流程遵循一些常规步骤。网络系统性能工程师通常先从运营支持系统（Operation Support System，OSS）工具中提取 KPI 统计数据、观察原始数据、可视化 KPI 趋势，利用该领域知识或一些人为制定的规则（如 KPI 阈值）来查找异常模式、异常及致命的 KPI。当锁定问题后，工程师需要从服务降级、覆盖 / 容量黑洞、巨额流量用户、容量瓶颈等方面确定该问题的根本原因。同时，工程师还要检查网络修复工单，以验证性能方面存在的问题。完成上述步骤后，工程师根据收集和分析的所有信息，通过一些网络优化工具，结合自己的领域知识、经验和一些半自动化的解决方案，最终形成解决方案。

显然，工程师们每天都盯着成千上万的 KPI 来评估网络性能，这不是一个明智的办法。应该采用一种类似于人工智能的科学方法，如树或类似神经元的模型，自上而下以分治的方式过滤掉噪声数据和不太重要的信息，使工程师能专注于关键的 KPI。通过这种方式，将工程师们从烦琐的目视任务中解脱出来，更专注于性能诊断和优化，这是网络优化中最有价值的一步。网络性能健康可以在不同级别定义和计算网络性能健康度

（Network Performance Healthiness，NPH）以评估和可视化网络性能，如蜂窝小区、eNodeB 或在大数据平台上预定义的 Geo-bin。

4．智能网络规划

移动运营商需要基于高级分析所得到的网络规划解决方案来联合和关联来自不同网络数据库的信息帮助运营商进行网络投资规划、投资预测和投资优化。网络规划系统必须采用先进的分析手段，并且与 OSS 系统密切配合。两个系统结合可以促进容量优化，并且为网络规划工程师提供"假设"场景的方案预演能力。

5．基站优化

4G 和未来的 5G 网络旨在实现在自组织网络（Self-Organizing Network，SON）中定义的功能。SON 最重要的功能之一是自我优化，包括蜂窝小区自动管理它们之间的交互方式、管理它们的功耗，以及它们如何均衡流量负载和切换小区间的流量。这些功能的实现取决于移动运营商是否可以利用上下文信息来增强网络性能。这些功能包含用户信息，如特定领域的用户体验，以及对应的不同类型的服务和用户行为模式所产生的体验差异。

6．以用户为中心的无线分流

应用程序可以从远程基站监控系统、DPI 系统、话单系统、回传网络管理系统等采集大量的数据，大数据和机器学习技术用来处理和分析这些大批量的数据。根据用户的订购级别、正在使用的应用程序及不同类型的蜂窝基站的流量负载，这些数据被实时地分流至不同的蜂窝小区。

在 4G 网络中，Wi-Fi 分流被普遍使用。语义分析工具可以将用户信息与他们的在网价值相关联以智能地决定哪个用户应该被分流到 Wi-Fi。

7．拥塞控制

无线接入网络（Radio Access Network，RAN）拥塞是移动运营商面临的主要问题之一。将用户信息、订购服务、位置信息结合起来，可以实现单个子蜂窝级别的可视化。由于拥塞事件持续时间较短，利用大数据分析来发现问题并提前做好预案对运营商来说非常关键。

1.4.2　用户与市场分析

1. 客户流失预测

在移动通信业，留住客户是最重要的挑战之一。流失预测是指对预测处于离网风险中的客户进行预测。获得新客户比留住老客户需要更大的成本。

借助预测模型和机器学习算法，我们能够精确地识别可能会流失的客户。基于所采集的关于用户使用、投诉、交易、社交媒体等数据，算法会创建权重因素来识别客户是否正在离网。

2. 用户画像

用户画像是将市场或客户基于他们之间行为的相似性划分成不同组的过程。这种方法在运营商客户数量日益增长时颇为流行，是运营商做出战略决策的关键组成部分。例如，运营商可以基于客户分组为客户量身定做产品、识别高价值和长期客户、发掘潜在的客户。

通过用户画像，运营商可以识别高价值的忠诚客户，实现有针对性的营销和客户维系活动，以降低客户流失率。更广泛的客户细分根据客户需求为每个细分市场提供适合的产品，从而提升客户满意度。通过大数据技术，运营商能够根据汇集到的客户数据和使用历史来进行更有效的客户细分，以开展更有针对性的营销活动。

3. 预测式营销和抢先式客户关怀

在高度竞争的环境中，移动运营商面临的主要挑战是客户维系和从客户获得收入。实时分析技术可帮助运营商主动分析、关联和洞察数据，破解客户流失和收入损失难题。对消费者数据进行实时分析可以洞悉客户的购买模式。这些模式是高度个性化的，需要对他们的购买行为迅速做出响应，让客户明白他们究竟想要购买什么、应该在什么时候购买。与此同时，企业能够获得实时数据并加以分析，以便未来产品销售更具针对性。

通过大数据分析技术，运营商能够获取大量的营销活动工具。这些工具具备数据管理、营销活动管理和性能监控等功能，可用于处理需要筛选的海量数据。

4. 位置服务

根据位置信息，运营商可以更深入地了解用户，这些基于地图的可视化信息可以用

于许多分析服务中。除了位置服务，定位技术也可以替代 Wi-Fi 位置信息，从而为用户
提供更好的服务。

1.4.3 创新的商业模式

1. 数据开放和 API 使能

对于当下绝大多数的应用，应用程序接口（Application Programming Interface，API）
让运营商能够更好地实现内外部数据的交换。通过精心设计的 API，应用开发工程师可
以将客户链接到各种新的应用上。

2. 使用支付数据增加销售

移动运营商可采集实地交易数据，并提供给商业顾客。通过此功能，可采集并分析
客户的支付和交易数据，基于客户的喜好向客户推送个性化的电子优惠券和促销信息。

3. 场景化的供需匹配

运营商可以根据场景满足用户需求并推荐相关产品，比如用户通过手机在商场、购
物中心和超市周围寻找他们感兴趣的产品。运营商可以与其商业合作伙伴共享这些信息，
并提供潜在的用户群。该功能可以帮助合作伙伴销售新产品，将特定的营销活动推送给
特定的用户群，为买家和商家双方创造一个更稳定、更高效的供需市场。

1.5 本书概要

第 1 章：概述，全面阐述电信业大数据分析技术。

第 2 章：电信分析方法论，涵盖可用于电信业分析的机器学习算法，介绍回归方法、
分类方法、聚类方法、预测方法、ARIMA 模型和强化学习。

第 3 章：LTE 网络性能趋势分析，介绍网络性能分析的过程，如网络性能预测策略、
网络资源与性能指标之间的关系、网络资源预测及评估 RRC 连接设置建立的应用。

第 4 章：热门设备就绪和返修率分析，介绍设备退修率和设备就绪的预测策略、模
型和实现结果。

第 5 章：VoLTE 语音质量评估，介绍电信网络 VoLTE 语音质量的定义、方法和试验结果。

第 6 章：移动 APP 无线资源使用分析，展示移动资源管理和使用的工具、算法和试验结果。

第 7 章：电信数据的异常检测，介绍异常值识别模型及其在电信业的比较。

第 8 章：LTE 网络自优化，重点介绍 SON（自组织网络）及其实现，APP-SON 是大数据平台上 4G 和未来 5G 网络的自我优化解决方案。

第 9 章：电信数据和市场营销，介绍电信营销、社交网络和网络测量。

第 10 章：传染式客户流失，主要研究电信业的客户流失问题及社交学习和网络效应的动态模型。

第 11 章：基于社交网络的精准营销，介绍网络效应的渠道、建模策略问题及它们的发现与应用。

第 12 章：社交影响和动态社交网络结构，涵盖网络结构对社交影响多元分析的模型。

参 考 文 献

[1] Big Data & Advanced Analytics in Telecom: A Multi-Billion-Dollar Revenue Opportunity. https://www.huawei.com/ilink/en/download/HW_323807.

[2] Ericsson Mobility Report June 2017.

[3] Cisco Visual Networking Index: Global Mobile Data Traffic Forecast Update, 2016–2021 White Paper.

[4] Digital Cosmos to Include 32 Billion Devices Generating 44 Trillion GB of Data by 2020. http://www.industrytap.com/digital-cosmos-include-32-billion-devices-generating-44-trilliongb-data-2020/28791.

[5] Benefiting from big data: A new approach for the telecom industry. https://www.strategyand.pwc.com/reports/benefiting-big-data.

[6] Analytics: Real-world use of big data in telecommunications. https://www-935.ibm.com/services/us/gbs/thoughtleadership/big-data-telecom/.

[7] Hilbert, Martin. "Big data for development: A review of promises and challenges." Development Policy Review 34.1(2016): 135–174.

[8] Virtualization, Network Functions. "NETWORk FUNCTION VIRTUALIzATION."

[9] Han, Bo, et al. "Network function virtualization: Challenges and opportunities for innovations." IEEE Communications Magazine 53.2(2015): 90–97.

[10] Lee, Jonghun. "Method and system for preventing call drop by restricting overhead message updated in 1X system during 1xEV-DO traffic state." U.S. Patent No. 7, 394, 787. 1 Jul. 2008.

[11] Garcia-Teodoro, Pedro, et al. "Anomaly-based network intrusion detection: Techniques, systems and challenges." computers & security 28.1–2(2009): 18–28.

第 2 章
电信分析方法论

过去的几年里，我们见证了移动运营商数据的迅猛增长，网络侧的数据流量也大幅增加。除了存储和管理这些流量数据外，另一个主要的挑战是如何选择和使用这些大量数据来更好地认识网络。实际上，由于不可能对这些网络流量数据进行手动处理和分析，简单的统计汇总不足以呈现数据蕴含的全部信息，这就需要有新的策略来管理和理解这些数据。在过去几十年中，人们在机器学习算法的基础上创建了一系列工具。开发这些工具的目的是提供高级分析，以发现和解释数据中的复杂模式。这些算法通常分为两类：①监督学习，指的是从已标记的训练集中预测输出或分类对象的技术；②无监督学习，指的是描述或分割对象以推断数据的隐藏结构的技术。本章介绍了一系列常用的机器学习算法。选择这些算法，是因为它们在电信领域有十分重要的作用。在接下来几章的方法论部分会介绍这些算法，其专门用于网络分析、评价或检测目的。

本章包括 4 个主要部分：回归方法、分类方法、聚类方法和预测方法。对于每个部分，介绍了分析算法，并将重点放在指导思想的理解上。详细内容可以在文献 [1]（回归、分类、聚类）和文献 [2]（预测）中找到。

2.1 回归方法

回归方法是用于估计预测变量与连续目标变量之间关系的监督学习方法。最常见的用法是，回归分析在给定自变量的前提下，估计因变量的条件期望。不太常见的用法是，在给定自变量前提下，关注因变量条件分布的分位数或其他位置参数。在所有情况下，需要估计被称作回归函数的自变量函数。在回归分析中，针对回归函数的预测，使用概率分布描述因变量变化特征吸引了大家的注意。回归分析广泛用于预测和预报，在这些领域它的使用与机器学习领域有很大的重叠。回归分析还用于理解自变量中哪些与因变量相关，并探索这些关系的形式。在受限制的情况下，回归分析可用于推断自变量和因变量之间的因果关系。

在电信领域，有些变量可能会比其他变量更容易收集，因为未知或不受控制的内部或外部因素，使得收集的变量和关键性能指标（KPI）之间的关系可能仍然不明确。在这种情况下，我们可以通过概率模型来具体化预测变量和目标变量之间的关系，从而理解和控制其中的不确定性。这些方法有助于为一组新的预测变量预测目标变量的值，并建立预测的置信度区间。在本节中，我们将简要介绍常用的回归方法，给出关键点以便于理解后续章节。最简单的回归方法是线性回归，第 2.1.1 节给出了定义（线性回归的简要历史，请参阅文献 [3]），2.1.2 节介绍 LOESS[4]（代表局部回归）和广义可加模型 [5]（GAM），给出了一种灵活的方法来推导预测变量与目标变量之间的非线性关系。最后，通过 Lasso 回归 [6]，2.1.3 节引入了通过自动选取特征实现正则化的概念。

如果目标变量是分类的，则我们改用监督分类方法（如 2.2 节所示）研究预测变量与目标变量之间的关系。

2.1.1　线性回归

线性回归是一种线性方法，用于建模标量因变量 y 和一个或多个表示为 X 的解释变量（或自变量）之间的关系。只有一个解释变量的情况称为简单线性回归。对于多个解释变量的情况，该过程称为多元线性回归。线性回归是第一种被严谨研究的回归分析类型，并在实际应用中广泛使用。这是因为与未知参数非线性相关的模型相比，未知参数线性相关的模型更容易拟合，结果估计量的统计特性也更容易确定。

在线性回归中，使用线性函数对关系进行建模，其中未知模型参数通过数据估计得到这种模型称为线性模型 [3]。最常见的情况是，假设给定 X 值的 y 的条件均值是 X 的仿射函数；不太常见的情况是，给定 X 值的 y 的条件分布的中值或其他分位数表示为 X 的线性函数。与所有形式的回归分析一样，线性回归侧重于给定 X 时 y 的条件概率分布，而不是多元分析领域中 y 和 X 间的联合概率分布。在经典线性回归中，假设目标变量 y

与预测量 x_1，$\cdots$，x_l 之间的关系是线性的。在最经典的形式中，线性回归采用下述等式：

$$y=\beta_0+\beta_1 x_1+\cdots+\beta_l x_l+\varepsilon$$

其中预测量是固定的已知值，β_0，$\cdots$，β_l 是要拟合的固定未知参数，ε 是服从高斯分布的随机变量，其均值为 0，方差为 σ^2。此外，假设对于所有的数据实例对 i 和 j，相关随机变量 ε_i 和 ε_j 是独立的，响应变量 y 因此服从高斯分布。

计算拟合参数的常用算法是最小二乘法，可以直接通过矩阵计算得到这些系数（详见文献 [7]）。在这种回归方法中，所有的预测量都对最终的预测起着积极或消极的作用。图 2.1（a）是用一个预测量进行线性拟合的例子。

如图 2.1（a）所示，直接线性回归不足以精确拟合预测量和目标变量之间的复杂关系。多项式回归是线性回归的一种直接扩展，它能在固定阶数 D 下拟合多项式。我们不直接取 x_1，$\cdots$，x_l，而是首先计算 d 从 1 到 D 的幂值 x_1^d，$\cdots$，x_l^d，从而得到 D_1 特征。该模型具有 D_1+1 个拟合系数（包含 D_1 个特征值加上常数系数），而不是经典线性模型中的 $l+1$ 个拟合系数。使用前述最小二乘法进行拟合。图 2.1（b）给出了一个阶数为 3 的多项式拟合例子。

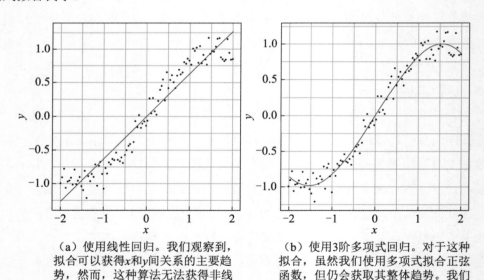

（a）使用线性回归。我们观察到，拟合可以获得 x 和 y 间关系的主要趋势，然而，这种算法无法获得非线性变化

（b）使用 3 阶多项式回归。对于这种拟合，虽然我们使用多项式拟合正弦函数，但仍会获取其整体趋势。我们注意到，用这种拟合进行推断最终会导致非常差的结果

图 2.1　用两种回归算法推导 x 和 y 之间的关系

在区间 [-2，2] 上采样 100 个点 x。x 和 y 之间的关系由 $y=\sin（x）+\varepsilon$ 定义，其中每个 ε 服从方差 $\sigma^2=1/100$ 的中心高斯分布。

2.1.2　非线性回归

非线性回归是回归分析的一类，其中观测数据由模型参数的非线性组合的函数建模，该函数依赖一个或多个自变量。通过连续近似的方法拟合数据。

非线性回归方法在拟合中有更大的灵活性，其代价是缺乏对基本模型的理解。这些算法性能非常高，但如果没有选择正确的超参数，就可能导致过拟合（有关性能和过拟合的详细介绍，请参阅文献 [8] 第 5 章）。

最常见的非线性回归是局部加权回归 LOESS[4]，这也是一种非参数回归。该方法的思想是对每个兴趣点进行局部回归，可以描述如下：为了拟合给定预测量的新点，选取邻近该点的数据子集。然后，对子集进行低阶多项式拟合（通过赋予邻近兴趣点的观测值更大的权重）。对兴趣点的拟合就定义为该点的 LOESS 拟合。我们可以看到，必须选择两个超参数：多项式拟合的阶数和所选总数据集的百分比。通常情况下，如果将拟合的阶数设置为 1 或 2，一个更高的数字将会导致过拟合和结果不稳定的问题；可以改变选择的总数据集的百分比，使拟合更平滑或更不平滑（越高越平滑）。

图 2.2 给出了 LOESS 与固定参数化模型相比较的有趣例子。在图 2.2（a）中，进行了 3 阶多项式回归，但回归不能灵活地提取曲线的整体行为（这可以在 $x=1.5$ 左右显示，其中拟合曲线位于散点图下方）；在图 2.2（b）中，LOESS 回归可以正确拟合散点图，并可以连续预测区间 [-2，4] 内的新点。

另一种实现灵活非线性回归的更为复杂的方法是 GAM[5, 9]。与 LEOSS 相比，只要在数据集中有足够的观测量（如 1000 个元素），GAM 的拟合效果就会更好。在 GAM 中，目标变量 y 与预测量 x_1，$\cdots$，x_l 的关系与以下等式相关联：

$$y=\beta_0+f_1(x_1)+\cdots+f_l(x_l)+\varepsilon$$

其中，f_1，$\cdots$，f_l 表示输入变量之间的非线性关系，β_0 是常数项，ε 服从高斯分布。可以用非参数反向拟合算法来估计函数 f_j。该算法在每一步中迭代，并用三次样条来近似函数 f_j。

非线性函数的其他例子包括指数函数、对数函数、三角函数、幂函数、高斯函数和洛伦兹曲线等。

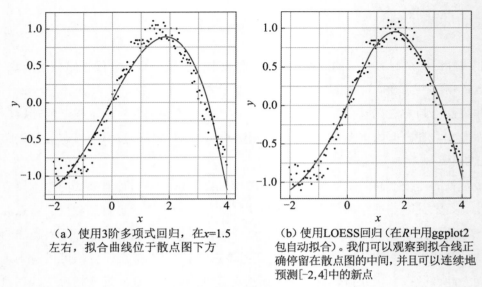

（a）使用3阶多项式回归，在$x=1.5$左右，拟合曲线位于散点图下方

（b）使用LOESS回归（在R中用ggplot2包自动拟合）。我们可以观察到拟合线正确停留在散点图的中间，并且可以连续地预测$[-2,4]$中的新点

图 2.2　用两种回归算法推导 x 和 y 间的关系

在区间 $[-2，4]$ 中采样 150 个点。x 和 y 之间的关系与图 2.1 中描述的关系相似。

2.1.3　特征选择

特征选择也称为特征工程，它是使用数据的领域知识，生成用于机器学习算法的特征值的过程。特征工程是机器学习应用的基础，既有难度且成本很高。可采用自动特征学习来消除人工特征工程。在图 2.1 和图 2.2 中，只选择了一个特征来解释目标变量。在实际应用中，电信行业收集到的特征数量很大（数十个或数百个变量），在这种情况下会出现一个称为维度灾难的新问题：回归算法可以连续地拟合一个固定集合，但不能推广到新的未知数据。我们称在这种情况下使用这种算法会导致过拟合。

通常，精确拟合目标变量所需的特征数量要低于可用的特征数量，因为某些变量可能与目标变量无关，或者某些预测量之间可能是相关的。

与人工选择特征不同，一种称为正则化的方法可以帮助加权，甚至选择感兴趣的特征，从而有效地解释目标变量。更简单的正则化方法实现是约束某些系数（称为收缩），如果系数过大就加以惩罚约束。

在线性回归的情况下，约束涉及 $\beta_0, \cdots, \beta_l$ 系数。最小绝对收缩和选择算子[6]（LASSO）回归对系数的绝对和（常数系数除外）施加了一个条件，如下式所示：

$$\sum_{k=1}^{1}|\beta_k| \leqslant t$$

其中，t 是要选择的参数。理论分析显示，这是对系数的一个硬约束，这意味着它们中的某些值可能完全等于零。因此，该方法能够对预测量进行特征选择。岭回归[10] 与 LASSO 回归有一些相似之处，但具有常规约束函数（通过约束平方和而不是绝对值）：

$$\sum_{k=1}^{1}|\beta_k^2| \leqslant t$$

岭回归能够收缩系数，并且广泛用于正则化拟合。最后，弹性网正则回归[11] 是岭回归和 LASSO 回归之间的折中方法，给出了另一种收缩系数的方法。约束函数是前面两个正则化的线性组合：

$$\alpha\sum_{k=1}^{1}\beta_k^2 + (1-\alpha)\sum_{k=1}^{1}|\beta_k| \leqslant t$$

还存在选择特征的其他方法，例如，通过迭代选择能够解释目标变量的特征（参考文献 [12] 中的子集选择，参考文献 [13] 中的单变量滤波方法）。

除了上述特征工程方法，另一种有效的方法是主成分分析（Principal Component Analysis，PCA）。PCA 是为降低高维数据集中相互关联特征的维数而设计。PCA 通过计算特征间的相关性，将数据从高维特征空间映射到低维特征空间。映射后，所有数据点都可以用低维特征空间中的主正交分量表示。在所有有序分量中，第一分量被认为是保留原始特征最大信息的分量。在低维特征空间中，第一个分量位于第一个坐标轴上，第二个分量位于第二个坐标轴上，以此类推[14]。如矩阵 $\boldsymbol{X}$ 中的每一行代表一个数据点，矩阵中的每一列代表不同的特征。PCA 变换由一组带权重的 p 维向量定义：

$$\boldsymbol{W}_{(k)} = \left(\overline{w}_{(1)}, \overline{w}_{(2)}, \cdots, \overline{w}_{(p)}\right)_{(k)}$$

$\boldsymbol{X}$ 中的 p 维向量可以映射到具有主成分分值的新向量上：

$$\boldsymbol{t}_{(i)} = \left(\boldsymbol{t}_{(1)}, \boldsymbol{t}_{(2)}, \cdots, \boldsymbol{t}_{(m)}\right)_{(i)}$$

其中，$\boldsymbol{t}_{(k,i)} = x_{(i)} \cdot \boldsymbol{w}_{(k)}$，其中 $i=1,\cdots,n$，$k=1,\cdots,m$。t 为 x 的最大可能方差。

利用 PCA，我们提取出的分量可以提高训练过程的效率，降低计算复杂度。在该算法中，特征变换的过程并不是简单地丢弃特征，每个主分量都是根据原始特征计算出的组合结果。

2.2 分类方法

在某些应用中，与 2.1 节不同的是，我们可能想研究预测量 $x_1,\cdots,x_l$ 和某个分类目标变量 y。由于目标变量是分类的，回归方法不能正确地拟合和预测该目标变量，因此为这类数据开发了新工具，称为分类方法。在这种分类方法中，我们先重点讨论 0-1 分类：我们假设目标变量只能取值 1（如对应一次成功）或 0（如对应一次失败）。然后，分类任务必须理解预测量是如何与目标变量有关联的，并且通常输出成功的概率。

本节主要介绍逻辑回归[15, 16]（2.2.1 节）。这种基本方法可以看作线性回归模型的延伸，尽管很简单但十分常用。还有许多其他的分类算法，用于处理非线性关系。在 2.2.2 节中将给出主要算法的简单描述。

2.2.1 逻辑回归

逻辑回归在某种程度上命名不是很精确，因为它是一种分类方法而不是回归方法。该方法通常专用于解决二元分类问题。作为一个线性分类器，它不能捕捉复杂的非线性模式。此外，它对预测变量内的相关性很敏感。因此，使用时必须检查相关性，以避免某些变量过拟合和过度置信。逻辑回归的主要优点是运行速度快，线性模型识别可靠性高。此外，作为白盒模型，每个特征对目标变量的影响都易于理解。

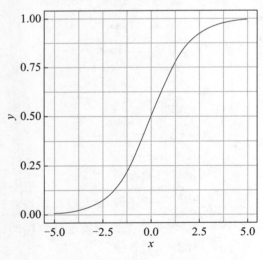

与线性回归输出在实线上取值不同的是，逻辑回归约束输出值在 0 到 1。这样，拟合的结果可以看作目标值等于 1 的概率。

将输出值从实线约束到（0,1）的方法是使用 Sigmoid 函数做映射，定义如左（见图 2.3）：

$$\sigma(x)=\frac{1}{1+\exp(-x)}$$

因此，逻辑模型可以写成：

$$p\left(y=1\mid x,\beta_0,\cdots,\ \beta_d\right)=\sigma\left(\beta_0+\beta_1 x_1+\cdots+\beta_l x_l\right)$$

在这个模型中，$\beta_0,\cdots,\beta_l$ 是需要优化的实

图 2.3　逻辑模型 $x\mapsto\dfrac{1}{1+\exp(-x)}$

数参数。给定带标记的训练数据集，当目标变量为 1 时，我们希望 p（$y=1|x,\beta_0,\cdots,\beta_d$）逼近 1；当目标变量为 0，$p$（$y=1|x,\beta_0,\cdots,\beta_d$）逼近 0。

解决这一优化问题最有效的方法是寻找参数使训练数据集的似然最大化，由于这个问题没有解析解（与线性回归不同），我们使用迭代算法来近似参数，通常采用梯度下降算法（详见参考文献 [17]）。

在图 2.4 中，我们来观察一个对样本数据进行单预测量逻辑回归的例子。样本数据（图中黑色部分）显示，预测量的低值（高值）与 $y=1$ 的低概率（高概率）有关。在这种情况下，可以使用逻辑回归将预测量的溢出空间线性分离。在拟合线上（图中蓝色部分），我们观察到 $y=1$ 的概率随着预测值的增加而增加，分离线（图中以橙色显示）以低错误率对样本集进行分类。

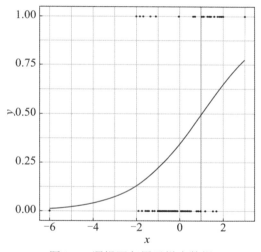

图 2.4　逻辑回归用于样本数据

样本数据以黑色显示，拟合线以蓝色显示，p（$y|x,\beta$）$>1/2$ 和 p（$y|x,\beta$）$<1/2$ 之间预测分割线以橙黄色显示。

2.2.2　其他分类方法

本节将扼要介绍电信领域中用到的其他分类方法：k 近邻、支持向量机（Support Vector Machine，SVM）和决策树。

k 最近邻算法[18] 是非参数分类技术。为了确定一个新点属于哪个类，我们选择训练数据集中距离该点最近（欧氏距离）的 k 个数据点。每个参考点在训练数据集中都有类别标签，对 k 个标记的参考点进行多数投票来预测新点。在 KNN 算法中，只有参数 k 必须固定，它负责调整学习算法的能力。

支持向量机（SVM）[19] 是一种几何分类方法。主要思想是通过最小化经验分类误差和最大化几何边界，将特征空间分成两个半空间（在其简单形式中）。正则化参数是一种常见的、允许软间隔（soft margin）并减少支持向量机过拟合的方法。SVM 的一个优点是，使用所谓的核技巧（kernel trick），将数据点映射到更高维空间，然后在这个新空间上进行线性分类，从而实现非线性分类。支持向量机的主要问题是当训练集规模变大时，其计算开销很大，因此并不总是适合于解决电信领域的任务。

决策树是一种可以根据事先训练好的树进行分类的方法（参阅参考文献 [20]）。树的每个节点根据特征空间的一个条件，依次将特征空间的区域划分为两个子区域。例如，根节点条件可以为 $x_1 \leqslant 2$，在这种情况下，左边的子树与半空间 $x_1 \leqslant 2$ 相关，右边的子树与 $x_1 > 2$ 相关。然后，每个节点与输入空间的一个区域相关，该区域根据目标变量标记为 0 或 1。当需要拟合一个新的点时，我们通过显示这个点属于哪个区域来预测目标变量。随机森林[21] 是基于计算大量决策树的延伸，在不考虑前期树的情况下对每个树进行计算，然后将这些树组合推导出单个预测。这种方法有许多优点：与决策树相比，它不易受过拟合的影响、可监控每个特征的重要性、树的训练速度相对较快。所以，随机森林从 21 世纪开始成为颇受欢迎的分类方法。

随机森林和梯度提升树[22] 是两种基于树的集成分类学习算法。它们都是在训练时通过构建多个决策树来运行的，并利用了多个弱分类器的功能。随机森林和梯度提升树的区别在于随机森林基于套袋（bagging），而梯度提升树是基于提升（boosting）建立的。

2.3 聚类方法

在电信领域应用的一类重要的机器学习算法是无监督学习[23, 25]。在这种学习算法中，数据没有被标记，算法试图学习数据的结构来理解数据。最常见的无监督算法是聚类算法，它将异构数据集划分为组，每个组都有一定的相似性。这种算法的一个关注点是理解数据，从而检测定义集合之外的异常元素或元素组。

下述介绍的方法中，我们尝试将一组数据分成 K 个子集，每个子集中的数据都有相似性（例如，在欧氏距离的意义上，彼此靠近并远离其他集合中的数据实例）。在本节中，假设使用数据类型是数值型。

在本节的前三小节中，我们介绍了电信领域常用的聚类算法。在 2.3.1 节中，我们以简单但现在仍然流行的聚类算法 K 均值算法 [21] 开始。K 均值算法的一些缺点可以用更先进的检测方法加以纠正，如高斯混合模型（2.3.2 节）[24]。大量的聚类算法有着不同的用途，它们中的一些在 2.3.3 节中给出定义。最后，在 2.3.4 节中，我们依次提出使用聚类算法的一些重要要求和实验。

2.3.1　K 均值聚类

聚类方法的一个基本例子是 K 均值算法 [21]。该算法通过最小化每个子集的类内平方和（子集的每个元素与该子集的均值元素之间距离的总和），将数据集分成 K 个子集的分区。

具体来说，我们用 $\boldsymbol{R}^d$ 中的点 $x_1,\cdots,x_n$，对 $S_1,\cdots,S_K$ 进行划分，以最小化：

$$\sum_{i=1}^{K}\sum_{x\in S_i}\|x-\mu_i\|^2$$

其中，对于所有的 i，μ_i 是 S_i 的所有元素的平均值。

当数据包含的点数增加时（例如，有 100 个点和 2 个集群，则进行比较的分区数量是 2^{100} 个），不能精确解决此最小化问题。Lloyd 算法可以得到精确解的近似值。通常情况下，使用此算法的解决方案与精确解决方案不同，但在大多数情况下是相当可靠的。该算法描述如下：

随机选择数据集中 K 个不同的点作为簇中心的初始点。

重复以下两个步骤直至收敛：

■ 分配步骤：对于每个点，计算它与簇中心点之间的距离。然后将每个点分配到最近的中心，从而将数据集划分为 K 个子集。

■ 更新步骤：使用与此中心相关的所有元素的均值来更新每个簇中心点。

图 2.5 给出了该算法在样本数据上的一个例子。

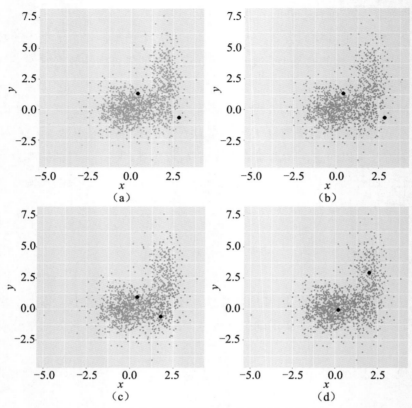

图 2.5 应用 K 均值聚类算法从二维数据中检测 $K=2$ 个簇

数据从两个正态分布中采样，根据均值（0，0）、方差 $\begin{pmatrix} 1 & 0 \\ 0 & 1 \end{pmatrix}$ 的分布采样获得 1000 个点；根据

均值（2,2）、方差 $\begin{pmatrix} 1/4 & 0 \\ 0 & 1/4 \end{pmatrix}$ 的分布采样获得 500 个点。

（a）初始化：在可用点中随机选择两个中心点。

（b）第一步（分配）：对于每个点，计算它与中心点之间的欧氏距离。然后将每个点分配到最近中心，从而将集合划分为两个子集（绿色和红色）。

（c）第二步（更新）：根据与该中心相关的数据集的元素更新每个中心。明确来讲，新的中心是与该中心相关的所有元素的平均值。

（d）最后一步：经过 15 次迭代，算法收敛到数据集的最终分区。与用于采样的参数相比，得到的分区是合理的，能够帮助我们表示数据的结构关系。

K 均值聚类算法仅关注最小化每个聚类的类内平方和。当聚类的潜在方差不同时，或者聚类大小不均匀时，算法不能连续划分数据。如图 2.5（a）所示，在这种情况下，可以使用更高级的方法，如高斯混合模型算法（见 2.3.2 节）进行聚类（见图 2.6）。

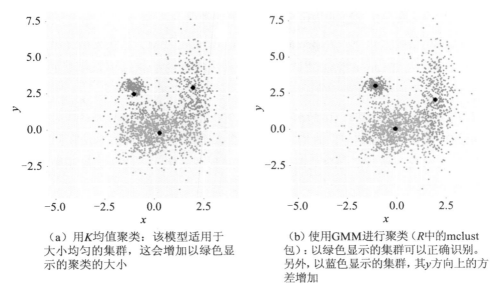

（a）用K均值聚类：该模型适用于大小均匀的集群，这会增加以绿色显示的聚类的大小

（b）使用GMM进行聚类（R中的mclust包）：以绿色显示的集群可以正确识别。另外，以蓝色显示的集群，其y方向上的方差增加

图 2.6　用两种聚类算法检测 $K=3$ 的集群

数据从 3 个正态分布中采样：前两个数据集与图 2.5 例子中一致，另一个数据集是根据均值为(-1,3)、方差为 $\begin{pmatrix} 9/100 & 0 \\ 0 & 9/100 \end{pmatrix}$ 的分布采样获得的 200 个点。

2.3.2　高斯混合模型

高斯混合模型[24]（Gaussian Mixture Model，GMM）假设所有数据点均由 K 个高斯分布混合生成，每个分布由其均值和方差 / 协方差矩阵进行参数化。此外，每个簇都与一个固定的（初始值未知的）发生概率相关联，因此这种方法可以用于大小不均匀的簇。

我们可以通过在所有 K 个可能的簇上进行分解，获得集合中点 x 的概率：

$$p(x) = \sum_{k=1}^{K} p(k) p(x|k)$$

高斯混合模型假设我们可以将前面的公式重写为

$$p(x) = \sum_{k=1}^{K} \pi_k N(x|\mu_k, \Sigma_k)$$

其中，$\pi_1,\cdots,\pi_K$ 是正数，使得 $\sum_{k=1}^{K}\pi_k=1$；μ_k 是均值，$\sum_k$ 是每个 k 相关簇的方差 - 协方差矩阵，$N(x|\mu,\sum)$ 表示参数为 μ、$\sum$ 的正态分布的 x 中的密度。

通常通过期望最大化[25]（Expectation Maximization，EM）算法来估计模型的参数，该算法可以看作之前 Lloyd 算法的扩展。EM 算法的目的是通过更新模型的参数（π_k、μ_k、$\sum_k$）K 来迭代地增加集合的似然性。

与 K 均值算法不同的是，在高斯假设条件合理的情况下，高斯混合聚类能够正确聚类更复杂的模式。在图 2.5 中，我们将高斯混合聚类算法与 K 均值算法在同一数据集上进行比较。我们发现高斯混合聚类能够正确检测到稠密集（围绕绿色显示的点），而 K 均值算法则不然。

2.3.3 其他聚类方法

许多其他聚类算法都是为了完成特定的任务而开发的。其中一些算法可以看作 K 均值算法的扩展，在这里不详细说明：K 中心点[26]算法在更新步骤中用所谓的中心点代替均值，它相当于取数据集的一个点，而不是状态空间上的简单平均值，适用于数据中存在强异常点的情况；模糊 C 均值[27]算法假定数据元素可以属于多个聚类，这意味着每个元素都与一个大小为 C 的向量相关，该向量表示该元素属于每个聚类的权重；CLARANS[28]（代表基于随机搜索的聚类算法）算法只对整个数据集的一个子集进行聚类，然后将整个集合的每个元素分配给最近的标记元素。K 均值的 CLARANS 扩展适合对非常大的数据集执行快速的聚类计算。

分层聚类[28]是另一类聚类方法。实际上，这种聚类方法不常用于电信领域，因为它需要计算每对元素之间的距离矩阵，当数据集的样本数量很大时，其计算成本高。分层聚类的主要思想是构建树形图来获得元素之间的关系树。

有些方法是基于密度的，最常见的是 DBSCAN（具有噪声的基于密度的聚类方法）[29]。对于这种算法，当一组点组合在一起时，聚类就形成了。当我们期望在状态空间的不同部分进行不同聚类时，这种方法是有效的。它不需要将聚类假设为特定形状并且可以处理大型数据集。

对于某些应用，一种聚类方法无法精确地对集合的不同部分进行分组：在这种情况下，可以结合不同聚类方法的优点来建立预测，这种方法称为集成方法[30, 31]。简单来讲，该方法根据每一种聚类方法的相似度矩阵的均值，推导出一致性矩阵。需要注意的是，这类算法可以产生的聚类多于 K，尤其在聚类结果差异很大的时候。

每种聚类算法都有其自身的优势。K 均值算法可以使用簇均值很好地特征化簇。该算法可看作一种分解算法，每个数据点由其簇中心点表示。DBSCAN 可以检测出不属于任何簇的"噪声点"，并且自动确定簇的个数。与另外两种算法不同的是，它可以处理复杂的簇形状。DBSCAN 有时产生大小差异很大的簇，这可能是优势也可能是弱点。分层算法可以提供数据的可能划分的整个层次结构，这样可以轻易地进行观察。

2.3.4 聚类方法在电信数据中的应用

为使聚类算法在针对电信数据的实际应用中取得好的效果，我们有一些必要的前提要求。在下文中，对数据的探索有助于改善我们对数据的理解，并推断出哪些先前假设是合理的。

第一个要求是仔细选择感兴趣的特征。必须选择能表示我们想要发现的潜在模式的特征。如果选择的特征过多，维数灾难可能会使聚类效果差。这种选择主要来自专业知识和数据探索。

第二个要求是对数据进行特征缩放，以消除对某个特征的偏好。没有特征缩放的聚类会导致在不同尺度上的特征比较，使得许多聚类算法可能会失败（尤其是以 K 均值算法为基础的算法）。特征缩放可以通过把所有特征归一化到 0 和 1 之间自动完成。有时，还可以计算对数变换来缩放特定特征（见参考文献 [32，33]， 这种技术普遍称为 Box-Cox 变换）。

第三个要求是选择簇的数量 K。虽然确实存在自动选择 K 值的方法（参考文献 [28] 中提出了不同算法的比较），但通常由研究人员手动选择 K 值，并在对不同值进行不同的计算后再细化。

2.4 预 测 方 法

电信指标的收集通常是定期进行的，并且数学上由按时间索引的序列表示（例如表示一个指标的演化，如一个电信流量 KPI）。这种对象的序列称为时间序列，现在已开发出了用来分析时间序列的行为和趋势的预测算法，可以显示消费者使用模式和预测时间序列的未来值。算法的主要目的是获得准确的预测，包括对时间点的预测和该预测的置信区间。

在这种场景下，可以使用前面章节中所开发的方法，如回归分析，但是，这些方法通常不足以自动和有效地处理大多数时间序列的自回归行为（t 时刻的值与 $t-1$ 时刻的值有很强的相关性）。为了解决这个问题，我们通过将时间参数作为主要序列参数开发预测算法 [2, 34]。

接下来，我们给出了单变量均匀间隔时间序列的广义视图，这意味着观测时间间隔是恒定的（对多重时间序列分析，我们参照文献 [35]，包括一个 VAR 模型的例子）。我们假设不存在缺省值。当不满足这些条件时，我们通常使用插值方法来补全时间序列 [36]。我们首先描述时间序列是如何被分解成不同组成部分的（2.4.1 节），然后引入两种不同类型的预测算法（2.4.2 节的指数平滑模型和 2.4.3 节的 ARIMA 模型）。

2.4.1 时间序列分解

为了理解时间序列，我们通常对时间序列进行分解，这个分解提取是最常见的模式且有助于发现时间序列的潜在趋势。给定按时间索引的时间序列（x_t），我们希望对所有时间 t 将时间序列分解如下：

$$x_t = T_t + S_t + \varepsilon_t$$

其中：

T_t 是趋势项（component），对应时间系列的长期趋势。在大多数分解中，该项不一定是线性的，也可能是周期性行为。

S_t 是季节项，反映时间序列的季节性（如以月计算的时间序列的高峰月和非高峰月），这个成分的周期最初是已知且固定的，然而大多数分解方法都推导出一个不是严格周期性函数的季节性函数。

ε_t 是其他成分移除后时间序列的余项，其分布可以通过自回归模型建模并单独研究。

分解不同项的最稳定的方法之一是 STL 算法 [37]（使用 LOESS 进行季节性和趋势分解），该算法使用迭代局部回归来拟合出季节组成和趋势成分。这两种成分的平滑度可用超参数进行调整。图 2.7 是对每月时间序列计算 STL 分解的例子（由于预计其有年周期性，我们选择周期为 12 个月）。STL 分解突出了曲线的停滞（在趋势项中），可以看出高峰期在每年的 4 月或 5 月（在季节项中），且没有出现明显的异常值（在余项中）。

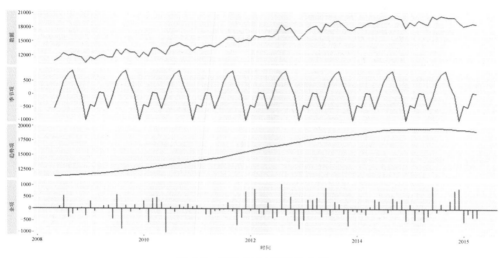

图 2.7　STL 时间序列的分解

原始时间序列显示在顶部（数据），其他 3 个图表示分解后的季节项、趋势项和余项，季节项有助于显示高峰月和非高峰月；趋势项突出了时间序列的上升，在最近获取的数据中上升停滞；余项是比较稳定的，没有明显的异常值。

2.4.2　指数平滑模型

在本节中，我们首先介绍一种称为简单指数平滑的预测方法[38]，该方法是获得未来预测值的最简单方法之一。它在实践应用中很少使用（因为它不能处理趋势成分和季节性成分），但是可以对该模型一般化，从而推导出更复杂的模式。

简单指数平滑法通过对之前的观测值进行加权，使权值逐渐减小，从而对 $T+1$ 时间进行预测，方法如下：

$$\hat{x}_{T+1} = \alpha x_T + \alpha(1-\alpha)x_{T-1} + \alpha(1-\alpha)^2 x_{T-2} + \alpha(1-\alpha)^3 x_{T-3} + \cdots$$

已知从时间 $1 \sim T$ 的时间序列（x_t），其中 α 在 $(0,1)$ 区间取值，表示指数衰减的平滑参数。

我们观察到，权重遵循一个几何序列，其序列和为 1，所以预测可重写为如下的递归形式：

$$\hat{x}_{T+1} = \alpha y_T + (1-\alpha)\hat{x}_T$$

这个递归方程是所有指数平滑模型的基本思想。一个常见的推广是可加性 Holt-Winters 模型，该模型基于简单指数平滑模型，但包含了季节性和趋势成分的递归描述。建立这个模型的方程是非常具有技巧性的，此处不再详述。图 2.8（a）表示，使用可加性 Holt-Winters 模型获得 12 个月预测的实例，并同时预测到年季节性趋势和曲线上升的停滞趋势。我们注意到，Holt-Winters 模型也可以推广到 ETS（Error，Trend，Seasonal，即误差、趋势、季节性）模型中（详见文献 [2，34，39]）。

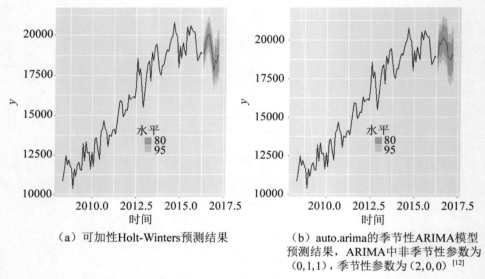

（a）可加性 Holt-Winters 预测结果

（b）auto.arima 的季节性 ARIMA 模型预测结果，ARIMA 中非季节性参数为 $(0,1,1)$，季节性参数为 $(2,0,0)$ [12]

图 2.8　使用可加性 Holt-Winters 和 ARIMA 计算未来 12 个月时间序列的预测值，由 R 预测包计算得出

在每个图中，显示了原始时间序列（黑色）、时间点预测和置信区间（在 80% 和 95% 之间）。

2.4.3　ARIMA 模型

ARIMA（差分整合滑动平均自回归）模型是另一种通过描述数据中的自相关关系对时间序列建模的方法 [40]。第一步是推导平稳的时间序列，其定义是，对于所有的 t 和 s，随机变量 $x_t, \cdots, x_{t+s}$ 的联合分布独立于 t。但实际上，时间序列中的趋势项或季节项会使序列非平稳，所以我们需要对它进行差分（一次或多次）以获得平稳时间序列。这里的差分是指计算以下残差：

$$x'_t = x_t - x_{t-1}$$

然后对得到的平稳时间序列（y_t）建模，包含以下两部分：

$$y_t = c + \varphi_1 y_{t-1} + \cdots + \varphi_p y_{t-p} + \theta_1 \varepsilon_{t-1} + \cdots + \theta_q \varepsilon_{t-q} + \varepsilon_t$$

其中，c 表示一个实参；

$y_{t-1}, \cdots, y_{t-p}$ 表示时间序列的前 p 个值，与参数 $\varphi_1, \cdots, \varphi_p$ 相关；

$(\varepsilon_t)_t$ 表示根据独立同分布的高斯分布计算的时间序列，这里 $\varepsilon_{t-1}, \cdots, \varepsilon_{t-q}$ 与参数 $\theta_1, \cdots, \theta_q$ 有关；

ε_t 表示除了以前的噪声之外加入的一个随机噪声。

通过这个描述，我们可以观察到：$\varphi_1, \cdots, \varphi_p$ 对应模型的自回归部分（AR），即变量（y_t）对自身的回归；$\theta_1, \cdots, \theta_q$ 对应模型的滑动平均部分（MA），即过去误差的线性加权求和。

总地来说，我们必须找到 3 个参数来推导出 ARIMA 模型。

其中，p 表示自回归部分的阶数；

d 表示我们对时间序列整合的次数；

q 表示滑动平均部分的阶数。

一些已有的算法已经能够有效地选择（p，d，q）的组合和模型所需的参数（C、$\varphi_1, \cdots, \varphi_p$，$\theta_1, \cdots, \theta_q$）。

为了提高预测的准确性，时间序列的季节项通常同时用另一个 ARIMA 过程建模，生成新的参数（P，D，Q）。在图 2.8（b）中，我们观察到季节性 ARIMA 过程的时间序列的预测结果，利用 R 中的 auto.arima 函数自动选择参数。最终，选出的主要部分参数为 (0,1,1)，季节性部分为 (2,0,0)。

2.5　神经网络和深度学习

2.5.1　神经网络

神经网络定义为通过模仿人类大脑的方式识别数据模式的算法。神经网络能认知的模式是以数值表示的向量，而数据可以是图像、声音、文本或时间序列 [41, 42]。

　　相互连接的人工神经元（类似于动物大脑中的生物神经元）是神经网络中的基本单元。不同人工神经元之间的连接（类似于突触）实现了信号从一个神经元传递到另一个神经元。接收信号的人工神经元对信号进行处理，并将处理结果传送到与其连接的下一个神经元。在神经网络的数学模型中，不同人工神经元之间传输的信号是数值，并且通过非线性函数对每个人工神经元的输出进行处理和计算，所述非线性函数即用于对其接收的输入值的求和。在神经网络中，每个连接都有一个在学习过程中可调整的权重（或数学模型中的系数），这个权重可以增加或减少连接信号的强度。人工神经元可以设置阈值，以滤除比阈值高或低的信号。神经网络中的人工神经元是分层排列的，不同层的神经元执行不同的转换计算。神经网络可用于机器学习中不同的分类任务。通过对历史数据的训练，神经网络可用于计算机视觉、语音识别和机器翻译领域。高级神经网络模型，如深度神经网络，还可以用于玩棋盘游戏、视频游戏及医学诊断。

　　神经网络中的神经元接收输入，执行激励函数的计算，根据输入和计算结果产生输出。神经网络是一个加权有向图，神经元用加权值连接。在学习过程中，权重可以根据已定义的学习规则调整。因此，对于任意一个神经网络而言，神经元、有权重的连接、激励函数和学习规则是需要定义的主要部分。

　　在神经网络中，神经元 j 从其前一个神经元 $p_j(t)$ 获取输入，并通过激励函数 f 获取激励 $a_j(t)$，其中在 $t+1$ 处的激励由激励函数 f 用 $a_j(t)$、θ_j 和输入 $p_j(t)$ 计算。

$$a_j(t+1) = f\big(a_j(t), p_j(t), \theta_j\big)$$

输出函数为 f_{out}：

$$o_j(t) = f_{\text{out}}\big(a_j(t)\big)$$

　　输入层的神经元没有前继神经元，它们充当整个网络的输入接口，外层的神经元没有后继神经元，它们充当网络的输出。神经元的输出可以作为其他神经元的输入。神经网络中的传递函数从前一层神经元的输出 $o_j(t)$ 与它们之间的权重计算神经元 j 的输入 $p_j(t)$。在神经网络中定义的学习规则用于调整神经网络的参数。这个学习过程是调整权值和阈值以最小化预测值与实际值的差。

2.5.2　深度学习

　　深度学习是一类基于人工神经网络的机器学习技术，它使用不同架构的多层神经网络实现更丰富的功能，如图 2.9 所示。深度神经网络、深度信念网络、递归神经网络和卷积神经网络是目前流行的深度学习算法，已成功应用于计算机视觉、语音识别、自然语言处理、音频识别、生物信息学和药物设计等多个领域。与传统的机器学习技术不同，深度学习可以从图像、视频或文本数据自动学习模式或特征，无需人类领域知识，它们可以直接从原始数据学习，并可提高它们的预测精度。深度神经网络（DNN）、卷积神经网络（CNN）和循环神经网络（RNN）是较具代表性的深度学习算法，下面详细介绍。

　　具有输入层和输出层的多个隐藏层组成了深度神经网络（Deep Neural Network，DNN）[43]，DNN 是前馈神经网络，在此网络中，信号通过输入层，经过多层隐藏层到达输出层，不存在反馈。

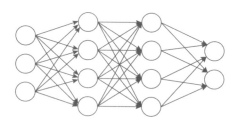

　　　　输入层　　　隐藏层　　　隐藏层　　　输出层
图 2.9　DNN 深度学习算法

　　使用多个隐藏层，此类模型在某些任务中具有更丰富的功能且达到更高的准确性。然而，这些隐藏层也显著增加了计算复杂度。

　　在循环神经网络（Recurrent Neural Network，RNN）[44] 中，网络拓扑是有向图，其神经元依照时间序列连接。它使用内部状态来处理输入序列并记忆时间序列的暂时行为。这一特征使 RNN 适用于语音识别、手写识别和语句翻译等任务。当 RNN 计算一个参数时，它不仅要考虑当前输入，还要考虑它从先前输入中所学的历史信息。因此，RNN 有两个输入：当前输入和历史计算输入。对历史信息的考虑是 RNN 的核心机制。这是因为数据的次序包含有关后序发生的重要信息。

　　多个卷积层、池化层和全连接层构成了图 2.10 所示的卷积神经网络（Convolutional

Neural Network，CNN）[45]。这是 2.5.1 节中描述的神经网络的一个特例。利用输入数据的 2D 结构（如一张图片）来训练 CNN 模型很容易，因为它的参数比具有相同数量隐藏单元的全连接网络更少。

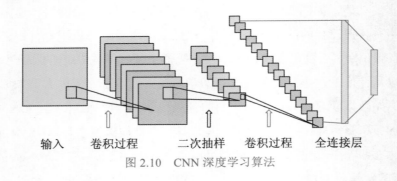

输入　　卷积过程　　二次抽样　　卷积过程　　全连接层

图 2.10　CNN 深度学习算法

2.6　强化学习

强化学习（Reinforcement Learning，RL）是一种机器学习技术的概念，其中智能体（agent）探索环境、执行动作、更新其状态，最后通过对环境的反馈结果来理解环境。强化学习[46] 的主要任务是使智能体在环境中行动，并最大化环境返回的奖励，如图 2.11 所示。在下一个时刻的步骤中，强化学习中的智能体从环境接收延迟奖励以评估其在当前步骤中执行的动作。

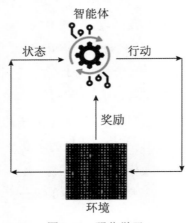

图 2.11　强化学习

强化学习算法有两个主要组成部分：智能体和环境。可将环境视为智能体执行动作或相互影响的对象的平台或接口。智能体表示算法本身。环境决定了智能体的状态及如何奖励或惩罚智能体所采取的动作。在不同的状态中，智能体会根据环境采取不同的动作。通过与环境的交集，智能体利用环境返回的反馈更新其知识，以评估其上一次动作。

2.6.1　模型和策略

要从环境中获取反馈并决定在每个状态下如何执行动作，强化学习算法应定义模型和策略。该算法通过执行动作 a 与当前状态 s_0 到下一状态 s_1，学习转换概率 $T(s_1|(s_0,a))$。如果之前成功学习了概率，则智能体将知道如何在当前状态下执行特定动作来进入特定状态。因此，基于模型的算法需要很大的空间来存储状态及其动作。

无模型的算法与基于模型的算法不同，它们依靠反复试验来更新其环境知识。因此，其不需要很大的空间来存储有关其状态和动作的所有信息。在强化学习算法中，策略将根据状态确定如何执行动作。智能体根据来源于策略的当前动作来学习（概率）值，而其对应的非策略一方根据另一个策略获得的动作进行学习。

2.6.2　强化学习算法

Q-Learning[47] 是一种无模型强化学习算法。Q-Learning 中的智能体学习环境。它们通过体验动作的结果在马尔可夫域中行动，没有必要构建域的映射。即使动作是根据更具探索性或随机性的情况确定的，Q-Learning 仍然可以学习最优策略。在 Q-Learning 算法中，智能体根据其以往与环境的交互来学习策略，并不断更新记录以往与环境交互信息的 Q 表。这些历史交互是一系列状态—动作—奖励值。例如，$(s_0,a_0 \rightarrow r_1, s_1, a_1 \rightarrow r_2, s_2, a_2 \rightarrow r_3, s_3, a_3 \rightarrow r_4, s_4 \cdots)$ 序列表明，智能体处于状态 s_0 做了动作 a_0，环境评估行动并奖励 r_1，此时状态相应地从 s_0 变为 s_1。智能体在状态 s_1 执行动作 a_1，获得奖励 r_2，并且状态改为 s_2 等。

在该算法中，交互历史是一个与环境相互作用的经历序列。Q-Learning 中智能体的目标是更新和最大化 Q 值。$Q^*(s,a)$ 中 a 是动作，s 是状态。它是在状态 s 中执行动作 a 的预期值，并遵循下面的最优策略。

$$Q^*_{(s,a)} = \sum_{s' \in S}^{n} p_r(s'|s,a)\left[R(s,a,s') + \gamma V^*\right)s'_-]$$

另一种强化学习算法称为状态 - 动作 - 奖励 - 状态 - 动作（SARSA），是一种用于学习马尔可夫决策过程策略的算法[48]。在 SARSA 中，智能体在状态 s_1 执行动作 a_1，获得奖励 r_1，之后，它进入状态 s_2，并执行动作 a_2，并在返回之前获得奖励 r_2，并更新在状态 s_1 中执行的 a_1 值。相比在 Q-Learning 算法中，将未来奖励定义为可以从状态 s_2 采取的最可能的动作，而在 SARSA 中，将其定义为已经采取的实际动作的值。在每个强化学习算法中，可以更新和调整一对状态 - 动作的 Q 值。在强化学习中，Q 值表示智能体获得的奖励。

参 考 文 献

[1] Hastie T, Tibshirani R, Friedman J. The elements of statistical learning. 2001. NY Springer, 2001.

[2] Hyndman, R.J. and Athanasopoulos, G.(2013) Forecasting: principles and practice. OTexts: Melbourne, Australia. http://otexts.org/fpp/. Accessed on 2016/09/20

[3] Stanton J M. Galton, Pearson, and the peas: A brief history of linear regression for statistics instructors[J]. Journal of Statistics Education, 2001, 9(3).

[4] Cleveland W S. Robust locally weighted regression and smoothing scatterplots[J]. Journal of the American statistical association, 1979, 74(368): 829–836.

[5] Hastie T J, Tibshirani R J. Generalized additive models[M]. CRC Press, 1990.

[6] Tibshirani R. Regression shrinkage and selection via the lasso[J]. Journal of the Royal Statistical Society. Series B(Methodological), 1996: 267–288.

[7] Freedman D A. Statistical models: theory and practice[M]. cambridge university press, 2009.

[8] Bengio, Yoshua, Ian J. Goodfellow, and Aaron Courville. "Deep learning." An MIT Press book.(2015).

[9] Simon N Wood. Modelling and smoothing parameter estimation with multiple quadratic penalties. Journal of the Royal Statistical Society. Series B, Statistical Methodology, pages 413–428, 2000.

[10] Hoerl A E, Kennard R W. Ridge regression: Biased estimation for nonorthogonal problems [J]. Technometrics, 1970, 12(1): 55–67.

[11] Zou H, Hastie T. Regularization and variable selection via the elastic net[J]. Journal of the Royal Statistical Society: Series B(Statistical Methodology), 2005, 67(2): 301–320.

[12] Alan Miller. Subset selection in regression. CRC Press, 2002.

[13] Saeys, Yvan, Iñaki Inza, and Pedro Larrañaga. "A review of feature selection techniques in bioinformatics." bioinformatics 23.19(2007): 2507–2517.

[14] Hotelling, H.(1933). Analysis of a complex of statistical variables into principal components. Journal of Educational Psychology, 24, 417–441, and 498–520.

[15] Walker S H, Duncan D B. Estimation of the probability of an event as a function of several independent variables[J]. Biometrika, 1967, 54(1–2): 167–179.

[16] Cox D R. The regression analysis of binary sequences[J]. Journal of the Royal Statistical Society. Series B(Methodological), 1958: 215–242.

[17] Hosmer Jr, David W., and Stanley Lemeshow. Applied logistic regression. John Wiley & Sons, 2004.

[18] Altman N S. An introduction to kernel and nearest-neighbor nonparametric regression[J]. The American Statistician, 1992, 46(3): 175–185.

[19] Suykens J A K, Vandewalle J. Least squares support vector machine classifiers. Neural processing letters, 1999, 9(3): 293–300.

[20] Rokach L, Maimon O. Data mining with decision trees: theory and applications[M]. World scientific, 2014.

[21] Liaw A, Wiener M. Classification and regression by random Forest. R news, 2002, 2(3): 18–22.

[22] Ho, Tin Kam(1995). Random Decision Forests(PDF). Proceedings of the 3rd International Conference on Document Analysis and Recognition, Montreal, QC, 14–16 August 1995. pp. 278–282.

[23] James MacQueen et al. Some methods for classification and analysis of multivariate observations. Proceedings of the fifth Berkeley symposium on mathematical statistics and probability, volume 1, pages 281–297. Oakland, CA, USA, 1967.

[24] Geoffrey J McLachlan and Kaye E Basford. Mixture models: Inference and applications to clustering. Applied Statistics, 1988.

[25] Dempster A P, Laird N M, Rubin D B. Maximum likelihood from incomplete data via the EM algorithm[J]. Journal of the royal statistical society. Series B(methodological), 1977: 1–38.

[26] Leonard Kaufman and Peter Rousseeuw. Clustering by means of medoids. North-Holland, 1987.

[27] James C Bezdek. Pattern recognition with fuzzy objective function algorithms. Springer Science & Business Media, 2013.

[28] Leonard Kaufman and Peter J Rousseeuw. Finding groups in data: an introduction to cluster analysis, volume 344, 6C1003. John Wiley & Sons, 2009.

[29] Ester M, Kriegel H P, Sander J, et al. A density-based algorithm for discovering clusters in large spatial databases with noise[C]. 1996, 96(34): 226–231.

[30] Ana Fred. Finding consistent clusters in data partitions. Multiple classifier systems, pages 309–318. Springer, 2001.

[31] Dietterich T G. Ensemble methods in machine learning. Multiple classifier systems. Springer Berlin Heidelberg, 2000: 1–15.

[32] Sakia, R. M. "The Box-Cox transformation technique: a review." The statistician(1992): 169–178.

[33] Guerrero, Victor M., and Richard A. Johnson. "Use of the Box-Cox transformation with binary response models." Biometrika 69.2(1982): 309–314.

[34] Hamilton J D. Time series analysis[M]. Princeton: Princeton university press, 1994.

[35] Lütkepohl H. New introduction to multiple time series analysis[M]. Springer Science & Business Media, 2005.

[36] Royston P. Multiple imputation of missing values[J]. Stata journal, 2004, 4(3): 227–41.

[37] Cleveland R B, Cleveland W S, McRae J E, et al. STL: A seasonal-trend decomposition procedure based on loess[J]. Journal of Official Statistics, 1990, 6(1): 3–73.

[38] Holt Charles C. Forecasting trends and seasonal by exponentially weighted averages [J]. International Journal of Forecasting, 1957, 20(1): 5–10.

[39] Gardner E S. Exponential smoothing: The state of the art[J]. Journal of forecasting, 1985, 4(1): 1–28.

[40] Brockwell P J, Davis R A. Introduction to time series and forecasting[M]. Springer Science & Business Media, 2006.

[41] "Artificial Neural Networks as Models of Neural Information Processing | Frontiers Research Topic". Retrieved 2018-02-20.

[42] McCulloch, Warren; Walter Pitts(1943). "A Logical Calculus of Ideas Immanent in Nervous Activity". Bulletin of Mathematical Biophysics. 5(4): 115–133.

[43] Dahl, G. et al.(2013). "Improving DNNs for LVCSR using rectified linear units and dropout"(PDF). ICASSP.

[44] Schmidhuber, J.(2015). "Deep Learning in Neural Networks: An Overview". Neural Networks. 61: 85–117.

[45] Deng, L.; Li, J.; Huang, J. T.; Yao, K.; Yu, D.; Seide, F.; Seltzer, M.; Zweig, G.; He, X.(May2013). "Recent advances in deep learning for speech research at Microsoft". 2013 I.E. International Conference on Acoustics, Speech and Signal Processing.

[46] Van Otterlo, M.; Wiering, M.(2012)."Reinforcement learning and markov decision processes". Reinforcement Learning. Springer Berlin Heidelberg: 3–42.

[47] Barto, A.(24 February 1997). "Reinforcement learning". In Omidvar, Omid; Elliott, David L. Neural Systems for Control. Elsevier.

[48] Wiering, Marco; Schmidhuber, Jürgen(1998-10-01). "Fast Online Q(λ)". Machine Learning. 33(1): 105–115.

第3章

LTE 网络性能趋势分析

LTE 网络性能通常由关键绩效指标（KPI）进行评估，它们是总结网络整体性能的相关数值指标。一个研究热点是通过当前的流量数据和历史流量数据来评估和预测网络性能，这些 LTE 网络性能的评估对移动运营商采取什么样的容量需求和容量管理策略至关重要。

在本章中，我们主要介绍一种数据分析和建模的系统方法，这种方法根据流量测量和服务趋势评估 LTE 网络容量。第 2 章介绍开发数据分析方法论所必需的两种主要方法：预测算法和回归算法。预测算法让我们理解一个固定指标的整个演进过程以预测下一个可能的值，可以将时间序列的重要成分纳入考虑范围，如趋势性、季节性和可能出现的突变点。传统方法仅将预测工具应用到了电信行业，但由于电信网络的特殊性，这些传统方法对商业用例通常无法很好地拟合。因此，需要有针对性地开发预测方法。

上述新方法利用所有可得到的数据源来预测感兴趣的特征。实际上，诸如低级别流量测量和特定服务流量这种简单的指标也在使用，这些指标显示了网络资源是如何被各个应用或用户定量消耗的，所消耗的网络流量由网络 KPI 反映。因此，这些指标被组合在一起，与主要 LTE KPI 指标之间的关系通过回归算法来提供。为提供完整的预测方法，本章介绍的方法结合了这两种工具。最后一节对方法论进行验证，证明其具有高精度、鲁棒性和可靠性。

3.1　网络性能预测策略

3.1.1　直接预测策略

许多学术界和产业界的研究人员对无线网络性能、服务质量和容量管理进行了研究 [1, 2, 4~7]，也有许多已发表的研究方法利用时间序列或其他趋势算法来预测给定的网络资源 [3]。然而，这种时间序列的因果关系对网络容量是未知的。它们无法分析网络资源是如何被各个应用或用户定量消耗的，而它们所消耗的网络流量由网络 KPI 反映。此外，使用这些方法时可能丢失用户行为和服务行为等信息。具体而言，诸如用户消耗流量的行为、服务之间流量消耗的多样性、流量消耗的季节性及随机流量突变的许多组成部分不能被分解和得出。

3.1.2　分析模型

本章提出了一种关系模型来克服 3.1.1 节提到的缺点。该模型能够推导出 LTE 网络 KPI 与 LTE 网络资源指标之间的定量关系，并预测网络 KPI，如图 3.1 所示。预测的 LTE KPI 可以通过在 KPI 和资源指标的关系模型中输入已预测的网络资源指标来获得。

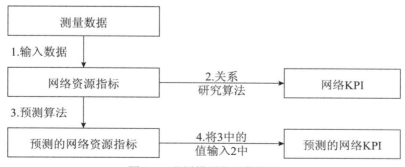

图 3.1　分析模型的工作流程

3.2　网络资源与性能指标之间的关系

3.2.1　LTE 网络 KPI 与资源之间的关系

　　LTE 网络资源由移动设备用户生成的语音或数据流量所消耗，流量可以通过 LTE 网络流量指标来定量表示。因此，我们着重于研究给定 LTE 网络 KPI 与其相关网络资源之间的定性关系。如图 3.2 所示，X 轴表示正在消耗的 LTE 网络资源，Y 轴表示测量出的 KPI。LTE KPI 作为一个 LTE 网络消耗资源的函数被分成 4 个区域，在图中由 3 条虚线分开。我们认为 KPI 值越大越好，例如，无线资源控制（Radio Resource Control，RRC）连接设置成功率的值较高，表示 RRC 连接成功率更好。

　　在图 3.2 的区域 1（图 3.2 中最左边的部分）中，曲线显示了一个恒定的良好 KPI。KPI 的初始值等价于几乎没有网络资源被消耗的初始参考点。这意味着 LTE 网络的负载极轻。在区域 1 中，网络资源消耗的轻微增长可能根本不会影响 KPI。在区域 2 中，KPI 正在逐渐下降。在特定点或特定范围内，不能再保持准完美的 KPI 场景。随着 LTE 网络资源继续消耗，KPI 开始在有限范围内降低，该范围内 KPI 的方差大于区域 1 中的方差。这是因为区域 2 中的服务质量（Quality of Service，QoS）因更少的剩余可用资源而开始轻微恶化。

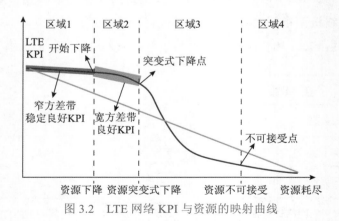

图 3.2　LTE 网络 KPI 与资源的映射曲线

　　区域 3 中的 KPI 呈现突变式下降。随着 LTE 网络 KPI 继续恶化，一旦它超过特定阈值，KPI 和消耗资源之间的这种准平坦的关系开始瓦解。随着剩余的可用网络资源越来越少，要消耗的更多额外资源会对 LTE KPI 产生相当大的影响。而区域 4 中的 KPI 是不可接受的。一旦 KPI 下降到另一个特定点或特定范围，该点或该范围后面的 KPI 值就不再可接受。由于无法维持最低的 QoS，网络可能停止服务。

考虑到从区域 1 到区域 4 的分段关系，我们假设在一定量的资源即将改变的前提下，LTE 网络 KPI 的变化取决于当前所处的 KPI 水平。在经过变换后，KPI 和网络资源的关系由公式（3.1）推出。

$$\frac{\partial \text{KPI}}{\partial \text{Resource}} \sim \alpha \cdot \text{KPI} + \beta \cdot \frac{\partial \text{KPI}}{\alpha \cdot \text{KPI} + \beta} \sim \partial \text{Resource}$$

$$\int \frac{\partial \text{KPI}}{\alpha \cdot \text{KPI} + \beta} \cdot d\text{KPI} \sim \int \partial \text{Resource} \cdot d\text{Resource} \qquad （3.1）$$

$$\text{KPI} = A \cdot e^{-B \cdot \text{Resource}} + C$$

资源 $1 \sim n$ 的 n 个影响因子的公式如下：

$$\text{KPI} = f(\text{Resource}1, \text{Resource}2, \cdots, \text{Resource } n)$$

因此，我们将指定 KPI 和指定网络资源之间的配对值关系扩展为一个 KPI 和多个相关网络资源之间的关系，每个网络资源对于 KPI 有一个权重系数。因此，KPI 方程可以表示为指数模型，如公式（3.2）所示。

$$\begin{aligned}
\text{KPI} &= \text{Coeff}_1 \cdot \left(A_1 \cdot e^{-B_1 \cdot \text{Resource}1} + C_1 \right) + \text{Coeff}_2 \cdot \left(A_2 \cdot e^{-B_2 \cdot \text{Resource}2} + C_2 \right) \\
&\quad + \cdots + \text{Coeff}_n \cdot \left(A_n \cdot e^{-B_n \cdot \text{Resource}n} + C_n \right) \qquad （3.2） \\
&= \sum_{i=1}^{n} \text{Coeff}_i \cdot \left(A_i \cdot e^{-B_i \cdot \text{Resource}i} + C_i \right)
\end{aligned}$$

3.2.2　回归模型

通过利用广义加法模型（Generalized Additive Model，GAM）和 Sigmoid 模型可以推导出 KPI 和资源指标之间的关系，这两个模型可以克服公式（3.1）和公式（3.2）中用到的指数模型带来的两个缺点。首先，在区域 1 中，KPI 与网络资源指标呈现平滑关系，而在区域 2 和区域 3，KPI 与网络资源之间更像是一种指数关系。这是因为区域 1 中的剩余资源仍然非常充足，所以 KPI 对网络资源指标的变化不敏感。因此，当物理资源消耗的水平较低时，KPI 保持在相对最优且稳定的水平，在区域 1 表示消耗了较少的资源指标值。因此，在区域 1 中，KPI 平滑的梯度难以用指数函数表示。相反，区域 3 和区域 4 是凹形的，更符合指数模型。其次，在区域 2 和区域 3 之间存在一个突变式的下降，这表示一旦资源消耗到特定点，KPI 开始急剧下降。由于指数模型表现为没有转折点的单调函数，于是其没有任何拐点来表示跳跃点。通常，线性模型是理想的，因为它们易于拟合，结果易于理解，并且存在各种有用技术用于测试所涉及的假设。尽管如此，由于数据具有固有的非线性特点，有些情况下不应该应用线性模型。GAM 提供了一个对这些数据进行建模的方法，它通过完全放宽线性假设对非线性关系进行建模。该方案的优点显而易见，无论是区域 1 和区域 2 的平滑关系还是区域 3 和区域 4 的急剧下降趋势都可以进行局部拟合。

另一个优点是 GAM 可以很容易地扩展到多维回归，这意味着多个资源指标可以同时加入模型进行回归。公式（3.2）中没有分离的第 2 步用来训练每个资源指标的系数，基于 GAM 算法的模型等式如下：

$$\text{KPI} = \alpha + f_{s\_1}(\text{Resource\_1}) + f_{s\_2}(\text{Resource\_2}) + \cdots + f_{s\_n}(\text{Resource\_n}) + \varepsilon \qquad (3.3)$$

其中，$f_{s\text{-}i}$ 表示第 i 个资源指标的平滑函数，表示可由 GAM 估计的任意函数；

α 表示截距；

ε 表示随机误差。

Sigmoid 模型的优点是可以通过令导数为 0 求出跳跃点，二阶导数在该点左右改变符号。此外，区域 1 和区域 2 的平滑区域也可以通过 Sigmoid 曲线拟合。标准的 Sigmoid 函数如公式（3.4）所示：

$$y = f(x) = \frac{1}{1 + e^{-x}} \qquad (3.4)$$

然而，跳跃模式下的 Sigmoid 曲线并不像标准格式那么完美，故将 Sigmoid 曲线写成以下形式：

$$\text{KPI} = f(\text{Resource}) = \frac{A_1}{1 + e^{-B(-\text{Resource}+C)}} = \frac{A}{1 + e^{B(\text{Resource}-C)}} \qquad (3.5)$$

B 表示 Sigmoid 函数的曲率，C 表示 Sigmoid 函数的拐点。根据公式（3.2）和公式（3.4），公式（3.5）可修正为：

$$\begin{aligned}
\text{KPI} &= \text{Coeff}_1 \times \left(\frac{A_1}{1 + e^{B_1(\text{Resource\_1} - C_1)}} \right) + \text{Coeff}_2 \times \left(\frac{A_2}{1 + e^{B_2(\text{Resource\_2} - C_2)}} \right) \\
&\quad + \cdots + \text{Coeff}_n \times \left(\frac{A_n}{1 + e^{B_n(\text{Resource\_n} - C_n)}} \right) \\
&= \sum_{i=1}^{n} \text{Coeff}_i \times \left(\frac{A_i}{1 + e^{B_i(\text{Resource\_i} - C_i)}} \right)
\end{aligned} \qquad (3.6)$$

3.3 网络资源预测

3.3.1 LTE 网络流量与资源预测模型

在研究过 LTE KPI 和网络容量之间的关系后，我们现在着重关注网络流量的预测。在已知的 LTE 网络中，任何与指标或资源指标相关的网络流量都可在运营商、扇区或小区的级别上测量。KPI 的时间粒度通常是按小时计算的，对于一个 LTE 网络中的给定小区，在特定时间 (t_i, t_j) 指定的网络流量或资源指标可以用 $X(t)=\{X(t_i, X(t_i+1), \cdots, X(t_j)\}$ 表示。我们可将 $X(t)$ 分解为 4 部分：趋势项 $T(t)$、季节项 $S(t)$、突变项 $B(t)$ 和随机误差 $R(t)$。最终网络流量指标可以表示为 $X(t)=(1+B(t))\times(T(t)+S(t)+R(t))$，如图 3.3 所示。

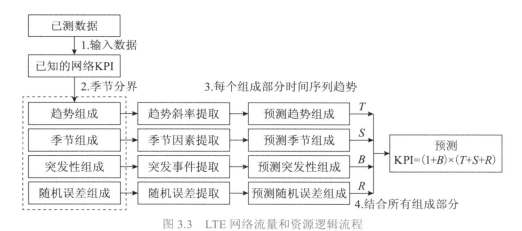

图 3.3 LTE 网络流量和资源逻辑流程

3.3.2 预测网络资源

趋势项反映用户行为、资费策略和用户数量变化如何长期影响 LTE 网络流量和网络资源消耗。它采用大粒度表示 $X(t)$ 在一定长度周期内的基值（如 30 ～ 90 天），将给定 $X(t)$ 的已测时间序列分割成若干段，每段长度由 m 给出。在一个短期的预测中（如 0 ～ 60 天），m 一般取 10。在中期预测中（一般大于 180 天），m 取 30 或者更大。随后，分段拟合 m 段数据。趋势项由以下可得：

$$T(t) = f\{X_K, \text{Slope}_K\} \tag{3.7}$$

其中，X_K 表示每一个 K 段中的第一个拟合的值，Slope_K 表示 K 段的斜率。在拟合过程中，我们先将时间序列 $X(t)$ 分成 m 段。当 $K=1$ 时，拟合一条斜率为 Slope_K 且起始点为 X_K 的线。当 $K=2$ 到 m 时，拟合一条斜率为 Slope_K 的线，且第 K 条线的起点等于第 $K{-}1$ 条线的最后一个拟合点，这一步可确保每条拟合的线相互连接且没有任何间隙。趋势项的最后一步是最小化每段拟合值和真值之间的平均误差。

在某些特定情况下，网络流量值可能会在转折点之前急剧变化，然后在转折点之后缓慢变化。例如，在学校范围内，网络流量值可能在学校假期开始和结束时有剧烈变化，如图 3.4 所示。在学校假期和学校开学期间，网络流量值可能保持相对稳定。根据季节项的周期或突变项的粒度，这种剧烈变化可能不会被认为是突发性或季节性变化。相反地，它作为一个长期变化由趋势成分解释。然而，在二阶指数平滑中，在确定透视斜率（perspective slope）时，快速减小的间隔比缓慢增加的间隔有更大的权重。

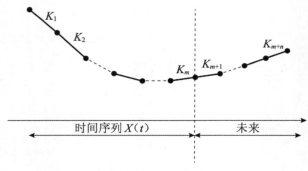

图 3.4　预测趋势组成

因此，无论对平滑系数如何优化，一个可能的事实是透视斜率将永远是负的。这导致预测值为负值，这是无意义的，如图 3.5 所示。因此，需要改进上述算法，在短时间内补偿那些超减梯度（super decreased gradient）或超增梯度（super increased gradient）。如果最近 N 个连续斜率均不小于 0，则透视斜率不应小于 0，补偿公式如下所示：

$$K'_{T+i} = \text{Max}\{K_{T+i}\gamma \cdot \min\{K_T, K_{T-1}, K_{T-2}, \cdots, K_{T-N+1}\}\} \tag{3.8}$$

其中，γ 是可被调整至最优的常数，K'_{T+i} 表示补偿后的改进斜率。

图 3.5　超斜坡补偿

　　季节性成分表示在预定长度（如 1 周时间周期）的时间内流量的周期性变化，由于人们在每周的同个工作日中从事类似的活动，所以一周内的网络流量是相关的。例如，芝加哥 2014 年 3 月 1 日星期六晚上 8 点无线网络流量可能与 2014 年 3 月 8 日星期六晚上 8 点无线网络流量高度相似。或者，可以使用不同于 7 天的其他周期。例如，在 6 天工作日或上学日的国家，周期可以为 6 天。在某些情况下，周期性成分的周期可能与工作或上学日的周期不同。为了生成季节性方程，需要确定周期的长度。

　　可以提供长度为 L 的网络流量值的时间序列。可能的周期长度 i 介于 1 和 $L/2$ 之间，其中每个 i 中都有 j 段。例如，L 可能是 70 天，i 可能在 1 天和 35 天之间，j 段可以代表每天的 24 小时。对于 $i=1$ 到 $L/2$，计算每个 i 中 j 段的方差为 $\sigma_{i,j}^2$。每个 i 中 j 段的方差可以计算并表示为 $\sigma_{i\_\text{Within}}^2 = \sum_{j=1}^{i} \sigma_i^2$。当 i 介于 1 到 $L/2$ 之间时，每个 i 中样本点的数量可以是 p。换句话说，$p=L/i$。对每个介于 $1 \sim L/2$ 的 i，可以构造 p 组样本数据，编号为 $q=1$ 到 p，每组样本数据包括相同 i 值的样本。每个 p 值的方差可以计算为 $\sigma_{i,p}^2$。

　　每个 i 中 p 段的方差和表示为 $\sigma_{i\_\text{Between}}^2 = \sum_{q=1}^{p} \sigma_q^2$。$i$ 值在 $1 \sim L/2$ 时取 $\sigma_{i\_\text{Between}}^2 / \sigma_{i\_\text{Within}}^2$，可以被选为季节性成分的周期。作为另一种选择，方差分析（ANOVA）技术也可以用于选择 i 值。在获得周期 i 的长度之后，可以确定每个周期季节性成分的值。每个位置 q（其中 q 在 1 和 p 之间变化）中的季节性成分的值，可以对应于 p 样本集中相同位置 q 处的数据点的平均值。我们得出每个时期的季节性成分的值；每个位置 q 的季节性成分的值由 p 样本集中相同位置 q 处数据点的平均值给出：

$$S_{pi}(t) = \sum_{q=1}^{p} X_{qi} / p \qquad (3.9)$$

突变项表示一个由外部已知或未知因素造成的偏离正常趋势的显著变化。模型中的突变被定义为疑似资源指标或流量指标测量值超过预定阈值。首先，我们找到指定小区的地理场景；确定各种可能事件的大致间隔，如假期、体育比赛或集会等。下一步是观察在给定的固定间隔内是否有规律地出现这种突变。如果是，则我们最终确认给定的突变是否是常规的突变而不是临时突变，后者将在下一部分中被识别为随机突变。规律突变被记录到每个小区的突变表中。该表是一个小区级别的突变分布列表，用于说明突变应该在何时、以多大幅度发生。

随机成分可以进一步分解为时间平稳序列 RS(t) 和白噪声 RN(t)。LTE 资源指标或网络流量指标的测量值减去前 3 个成分的总和就是随机误差成分的估计值。忙时随机误差成分是其每个忙时的平均值。

3.4　评估 RRC 连接建立的应用

3.4.1　数据准备与特征选取

为了测试模型，我们使用 RRC 连接建立成功率（一个典型的 KPI），以评估 LTE 网络的可访问性。根据 3GPP TS 36.331，建立 RRC 的连接用于从 RPC 空闲模式到 RRC 连接模式的转换。KPI-RRC 连接建立成功率用于评估某小区或小区簇内的 RPC 连接建立成功率和相关服务，它与下面一些典型的 LTE 容量指标高度相关。在我们的研究中，采用以下这 8 个 LTE 容量指标：

（1）每个小区的平均连接用户数；

（2）下行物理资源单位（PRB）使用情况；

（3）上行物理资源单位（PRB）使用情况；

（4）下行物理控制信道（PDCCH）使用情况；

（5）呼叫资源使用情况；

（6）每个小区上行缓冲区中的平均活动用户数；

（7）每个小区下行缓冲区中的平均活动用户数；

（8）物理随机接入信道（PRACH）使用情况。

可以根据公式（3.1）～公式（3.6）来训练 RRC 连接建立成功率和 LTE 容量指标之间的关系。样本数据（来自 457 个蜂窝小区）被随机分成训练集（70%）和测试集（30%）。样本集包括以小时为粒度的 12097 个数据点。

3.4.2　LTE KPI 与网络资源之间的关系推导

指数模型、Sigmoid 模型和 GAM 模型用于训练 RRC 连接建立成功率与资源指标之间的统计关系，估计出的平均绝对百分比误差（MAPE）用来比较公式（3.1）～公式（3.6）中 3 种算法的准确性和可靠性。

图 3.6 显示了这 3 种模型的平均绝对百分比准确度（MAPA），MAPA=1–MAPE。在同一训练集中，指数模型、Sigmoid 模型和 GAM 模型的 MAPA 分别为 85.58%、88.25% 和 90.27%。Sigmoid 和 GAM 模型在训练集中具有比指数模型更高的准确性。指数模型精度较低的主要原因是训练集中超过 56% 的样本数据停留在区域 1 和区域 2。因此，指数模型不能很好地拟合区域 1 和区域 2 中 LTE KPI 梯度相对平滑的部分。另外，GAM 和 Sigmoid 模型在区域 1 和区域 2 拟合良好。在 GAM 和 Sigmoid 模型之间，训练集的准确性没有太大差异。然而，在测试集中可以看出差异，其中 Sigmoid 模型的准确度为 80.77%，而 GAM 的准确度为 85.67%。 GAM 的更高精度可以解释为：Sigmoid 模型是中心对称函数，在资源指标的最大值和最小值的中点处有拐点、跳跃点。然而，事实上跳跃点通常是偏左的而不是停留在资源指标维度的中间点。这已经很好地解释了一些典型的 LTE KPI，如通话中断率和 RRC 连接建立成功率，直到消耗了 50% 的资源才会降低。

图 3.7 也解释了这种情况。当少数资源指标达到 20% ～ 40% 范围而不是 50% 时，RRC 连接建立成功率开始下降。由于它是一种局部拟合算法，GAM 模型可以克服这个弱点，而不是将跳跃点固定为资源指标的 50% 处的点。由于我们的模型中有 8 个资源指标，这意味着它需要 8 个维度来才能拟合 GAM 的 RRC 连接建立成功率。图 3.7 将任何两个资源指标和 RRC 连接建立成功率之间的 3D 关系可视化，同时将其他 6 个维度的值设置为其各自的平均值。

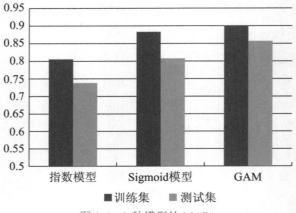

图 3.6 3 种模型的 MAPA

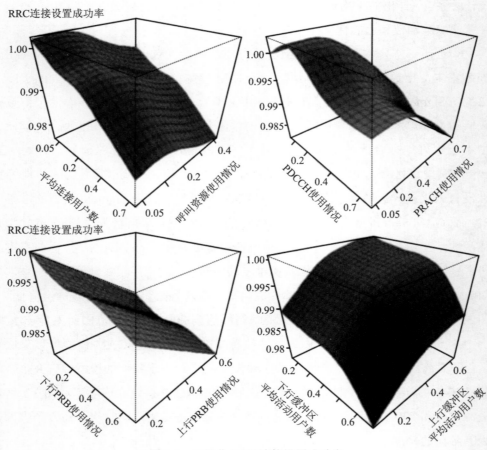

图 3.7 可视化 RRC 连接设置成功率

在测试每个平滑项的显著性时，每个小区上行缓冲区中活跃用户的资源指标平均数是一个非显著的结果，即 0.115624。所有其他资源指标在 95% 置信度水平上是显著的。图 3.7 中的资源指标还显示了与领域知识违背的模式，即当上行缓冲区中存在更多活跃用户时 RRC 连接建立成功率应当下降。然而，图 3.7 显示上行缓冲区中的活动用户的平均数量与 RRC 连接建立成功率正相关。因此，下一步要利用方差分析法（ANOVA）来比较现有模型（模型 A）和模型 B，模型 B 中删除了表 3.1 中上行缓冲区的活动用户平均数量指标。

表 3.1　ANOVA 测试结果

模　　型	用 户 差 异	用 户 发 展	F 值	Pr（F）
模型 A	95.99	29694.72	3.9544	0.0051
模型 B	101.01	34493.71		

测试结果表明，删除该资源指标导致偏差显著增加，这强调了一个事实，即删除指标是比检查参数更好的测试方式。最后，我们使用 GAM 测试模型 A 的 MAPA（所有 8 个资源指标）和模型 B（不包括上行缓冲区中的活动用户平均数）。两者的准确率在训练集中从 90.27% 提高到 92.83%，在测试集中从 85.67% 提高到 88.95%。结果表明，剔除了上行缓冲区中活动用户平均数的 GAM 模型是评估 LTE 中 RRC 连接建立成功率的最佳模型。

3.4.3　预测 RRC 连接建立成功率

在推导出 RRC 建立成功率与相关资源指标之间的关系后，我们验证了预测模型。测试使用相同的训练数据来构建每个资源指标的预测模型，训练集和测试集中的 MAPA 及 R^2（拟合优度）是验证预测模型的准确性和可靠性的 3 个参数。

测试结果如表 3.2 所示，训练集中的 MAPA 范围为 88.42% ～ 95.63%，平均值为 92.57%，它表明各自训练集中资源指标的拟合值和真实值之间的方差很小。测试集中的 MAPA 也表现良好，测试集的 MAPA 范围为 82.73% ～ 90.75%，平均值为 86.93%，与训练集 92.57% 的平均值相差不大。从训练集到测试集，MAPA 下降不多，表明模型的可靠性是可接受的。所有资源指标的拟合优度都在 86.99% 之上，这也是一个优化结果，表明 4 个组成部分的自变量可以很好地解释每个资源指标的方差。

　　训练集和测试集中所有资源指标的 MAPA 是可接受的。每个资源指标的 R^2 表示每个资源指标的方差。最后，我们选择一个资源指标来可视化其在训练集和测试集中的测试结果。结果表明，在给定日期（星期一）的指定忙时（晚上 8 点），训练集和测试集中的所有 457 个蜂窝小区的真实值和拟合值重叠最多。

表 3.2　预测模型测试结果

资源指标	MAPA 训练集	MAPA 测试集	R^2（拟合度）
已连接用户平均数	0.9563	0.9022	0.9267
下行 PRB 使用率	0.9481	0.8944	0.9103
上行 PRB 使用率	0.9125	0.8273	0.8871
PDCCH 使用率	0.9204	0.8617	0.9011
呼叫资源使用率	0.9101	0.8459	0.8956
下行缓冲区平均活动用户数	0.9486	0.9075	0.9302
PRACH 使用率	0.8842	0.8393	0.8699
平均值	0.9257	0.8683	0.9029

参 考 文 献

[1] Tsao, Shiao-Li, and Chia-Ching Lin.(2002) "Design and evaluation of UMTS-WLAN interworking strategies." Vehicular Technology Conference.

[2] Szlovencsak, Attila, et al.(2002) "Planning reliable UMTS terrestrial access networks." Communications Magazine 40.1(2002): 66–72.

[3] Ricciato. F.(2006). Traffic monitoring and analysis for the optimization of a 3G network. Wireless Communications. IEEE. 13(6). 42–49

[4] Ouyang. Ye.(2012) Traffic Dimensioning and Performance Modeling of 4G LTE Networks. Diss. Stevens Institute of Technology.

[5] Amzallag, David, et al.(2013) "Cell selection in 4G cellular networks." Mobile Computing 12.7(2013): 1443–1455.

[6] Navaie. K., Sharafat, A, (2003) "A framework for UMTS air interface analysis". Electrical and Computer Engineering, Canadian Journal of. Vol. 208. no. 3/4. pp.113, 129.

[7] Engles. A., Rever. M., Xiang Xu, Mathar. R., Jietao Zhang, Hongcheng Zhuang, (2013) "Autonomous Self-Optimization of Coverage and Capacity in LTE Cellular Networks", Vehicular Technology, Vol.62. no.5. pp.1989, 2001.

第 4 章

热门设备就绪和返修率分析

近年来，移动设备的使用量显著增长，移动设备已成为人们日常生活中不可或缺的一部分。为满足市场需求，移动设备设计和生产速度都很快。生产厂商和运营商在设备投放市场之后需定期审查其返修率和返修原因，帮助厂商或运营商判断设备模型是否正确，是否需要对后续设计做出改进。与设备返修率一样，运营商还需要掌握设备的生产进度，以确定该设备是否可以按计划交付给用户，确定设备是否已经就绪，以及是否已经为进入消费市场做好准备。

然而，到目前为止，终端设备生产商和运营商都无法预测或预报设备返修率及其返修原因，也没有企业能够量化确定所投放市场的设备就绪成熟度。

在本章中，我们引入一个模型来预测设备返修率、识别退还的基本原因。此类预报（或预测）可以帮助供应链和制造企业更好地跟踪设备质量的变化趋势，估计库存、备用/替换的设备数量，确定从生产商订购预上市设备的数量，在返修设备和新设备数量之间进行平衡，并优化资源。该模型可以通过使用一种或多种算法来预测设备返修率，可不仅限于移动设备，也可应用于其他需要预测返修率的领域，以及推广到所有用来解决与供应链库存和退货相关的问题。

本章还介绍了另一个模型来评估设备就绪或预上市设备成熟度，能预测预上市设备的上市时间，帮助设备生产商及其客户监测预上市设备的开发进度。该模型预测设备成熟度，可应用于产品成熟度、软件成熟度、应用质量成熟度等其他领域，提供了一个适用于解决质量成熟度相关问题的广义模型。更进一步，该模型可以根据与原始设备制造商（Original Equipment Manufacturer，OEM）生产的设备相关的就绪曲线对 OEM 进行分类。根据此分类，类别相同的 OEM 在开发设备时具有类似的质量成熟度模式，可以帮助运营商更准确地估计给定 OEM 的设备就绪情况，并根据生产性能对 OEM 进行评价。运营商可以在设备开发期间以有针对性的方式管理 OEM，运营商可以利用公开方法评估 OEM 预上市设备的就绪情况。这种模型提供了一种中立且公平的方案来确定设备就绪情况。

4.1　设备返修率与设备就绪的预测策略

我们观察到，返修原因代码与一个或多个设备的返修率之间的相关性是可以确定的。由于设备返修原因代码可以表示设备返修的原因，而相应的设备返修率表示设备以该原因代码返修的次数。基于这种确定的相关性，可以计算出每个设备返修原因代码的相关性指标，对与每个设备返修原因代码相关的相关性指标进行排序。这样，可以基于排序来选择设备返修原因代码的子集。该子集包括相对于其他设备返修原因代码而言，有更高相关性指标的返修原因代码，通过使用所选取的设备返修原因代码的子集来确定其与对应的设备返修率之间的关系。然后，将特定设备的一个或多个已测量的 KPI 映射到该设备的返修原因代码，根据所映射的 KPI 和所确定的关系来估计特定设备的设备返修率。

该模型基于设备的一个或多个 KPI 指标，表示设备对市场的就绪程度，可以初始化为 Sigmoid 曲线，这种曲线函数是 S 形的数学函数。将一个或多个 KPI 值拟合到该曲线。拟合是将一系列数据点与一条曲线或数学函数相关联的过程。接下来，计算设备 KPI 的测量值与拟合值之差，根据所计算出来的差值来识别曲线的拐点。拐点是位于曲线上的一个点，该点代表曲线曲率的导数变化方向。曲线的形状根据所识别出的拐点、设备就绪指数和曲线的曲率来解读，其中设备就绪指数至少基于一个 KPI，这个 KPI 相对于其他 KPI 而言，越过生产效能阈值花费的时间最多。随后，设备的就绪状态可以根据所解读出的曲线形状来确定，设备就绪状态可以表示向消费者市场发布的准备状态。

设备返修率预测模型提供描述已预测的返修率的报表，该报表可以用于修改与供应链或设备库存相关的信息。设备因某原因代码所导致的设备返修率可以在实际返修之前或在设备推向市场之前预报，制造商或运营商能够预先行动来解决与该设备相关的问题。

设备就绪模型还提供一个描述设备就绪状态的报表，包括曲线的图形表示、就绪程度指数和在确定设备状态时考虑的 KPI。该报表包括该设备制造商的性能分类，可以根据曲线形状的解读来确定，它可用于修正生产厂商和供应链相关的信息。由于可以在设备上市之前确定设备就绪状态，因此制造商可以预先行动来解决与该设备相关的问题，从而及时将设备推向市场。

4.2　设备返修率和就绪预测模型

4.2.1　预测模型的移动通信服务

图 4.1 给出了预测设备返修率和返修原因、设备就绪评估所相关的多种移动通信服务系统。返修率、返修原因和就绪程度均可预测。其移动终端可以是任何形式的便携式手机、智能手机或个人数字助理，协助预测设备返修率、终端设备返修原因和设备就绪程度的应用程序可以在这些移动终端上配置并执行。移动网络通过多个基站（Base Station，BS）向移动终端提供移动无线通信服务，移动业务网络允许移动终端的用户之间或移动终端用户与固定电话用户通过公共交换电话网络（Public Switched Telephone Network，PSTN）发起和接收电话呼叫，通过互联网提供各种数据服务，如下载、网页浏览、电子邮件等。

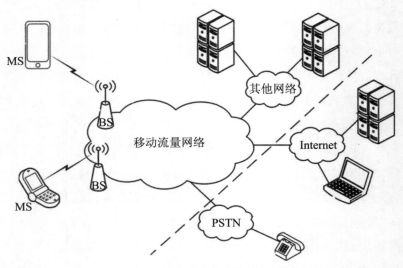

图 4.1　网络和设备的宏观功能框图

4.2.2　参数获取与存储

获取并存储与移动设备相关操作参数的框架如图 4.2 所示。此框架包括测试计划、OEM 实验室、无线网络供应商实验室、KPI 日志、提取—转换—加载（ETL）模块、分析引擎、图形用户界面（GUI）模型、现场测试仪、供应链日志和数据仓库。例如，运营商通过该框架确定某些制造商所生产的移动设备的质量。

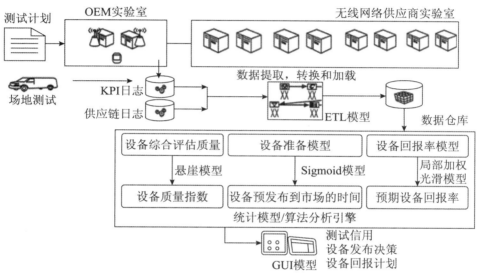

图 4.2　获取和存储操作参数的框架

具体而言，测试计划包括数据和如何测试移动设备质量的相关指南。测试移动设备可以在 OEM 实验室进行，该实验室是由设备制造商运行的测试设备。OEM 实验室和无线网络供应商实验室的一般用途是在终端设备上执行一个或多个测试或测量，以确定与设备相关的操作参数。KPI 日志包括来自现场测试仪和 OEM 实验室采集的数据，包括KPI 数据、设备故障之间的平均时间、设备维修的平均时间及其他性能参数。来自 KPI 日志和供应链日志的数据可由 ETL 模块检索或提取，ETL 模块可以提取、转换并将转换后的数据加载到数据仓库中。数据仓库中的元数据定义数据属性及其关系，有两种类型的元数据：性能数据属性和配置数据属性。性能数据属性包括设备 KPI 名称、设备KPI 单元、设备 KPI 阈值（最大值和限制值）、无线网络（RF）KPI 名称、RF KPI 单元、RF KPI 阈值（最大值和限制值）等。配置数据属性包括设备名称、OEM 名称、设备类型、硬件配置参数、软件参数、销售数据和返修数据（每个返修原因代码）等。

一旦在元数据文件中定义了数据属性，它们之间的关系就可以确定了。图 4.3 展示了定义元数据中数据属性之间关系的接口，该界面可以是基于 web 的界面，允许配置标准数据格式和专有数据格式之间的映射，以及自定义数据类型的转换。

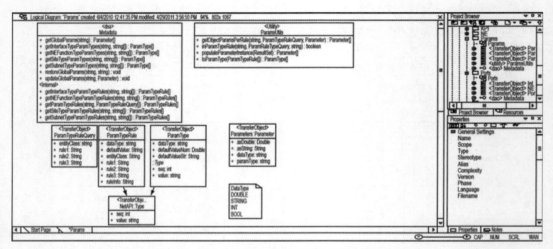

图 4.3　定义元数据中数据属性之间关系的接口

4.2.3　分析引擎

框架中的分析引擎包括一个或多个处理器、存储器和内存，运行一个或多个算法和统计模型以评估移动终端的质量，可以训练和挖掘来自 ETL 模块的数据。训练集是一组用于发现潜在预测关系的数据，可用于人工智能、机器学习、遗传编程、智能系统和统计学。通过训练集可以构建分析模型，然后利用测试集（或验证集）来验证已经构建的分析模型，测试集可能将训练集中的数据点剔除。在创建分析模型时，通常几次迭代过程将数据集分为训练集和验证集（或测试集）。可以向生产厂商提供开放接口（如 API），用于在 ETL 模块和分析引擎之间读取、写入数据，以及提供可视化分析结果。

数据由分析引擎增量处理，以便进行即时学习，如图 4.4 所示。增量学习是一种机器学习范例，每当新的例子出现时，就会进入学习过程，并根据新例子调整学到的信息。增量学习区别于传统机器学习之处在于增量学习不需要在学习过程之前有足够的训练

集，训练样本会随着时间的推移而出现。基于该范例，通过不断训练处理的数据，自动
更新分析引擎所使用的算法。动态滑动窗口方法可用于将 ETL 模块的数据提供给分析引
擎，以供分析引擎进行算法训练。ETL 模块可采用动态滑动窗口法，不断获取数据，如
从移动终端到分析引擎的操作参数。

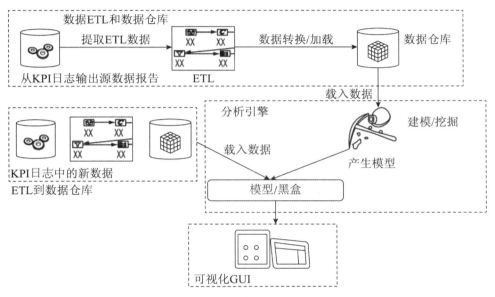

图 4.4 分析引擎中的增量学习

分析引擎可以具有不同的数据源，如图 4.5 所示。ETL 模块和分析引擎可以有 3 个
主要数据源，包括 KPI 日志、供应链数据库和市场预测数据。

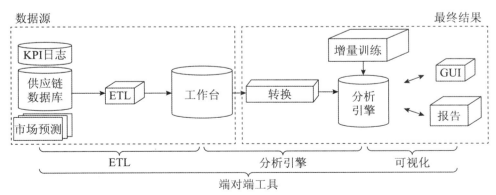

图 4.5 提取变换 / 加载模块和分析引擎的数据源

4.3 实现和结果

4.3.1 设备返修率预测

预测设备返修率和返修原因的框架如图 4.6 所示，第 4.2.3 节讨论了如何在分析引擎中实现这一框架。关联模块可以识别设备返修的原因代码与一个或多个设备的相应设备返修率之间的相关性，还可以识别每个返修原因代码的时间序列与每个设备返修率的时间序列之间的相关性。根据所识别出的相关性，该模块计算每个设备返修原因代码的相关指数，再通过排序模块对所计算出来的与每个设备的返修原因代码对应的相关指数进行排序。然后，选择器模块根据该排序结果来选择设备返修原因代码的子集，该子集包含相对其他返修代码来讲相关指数更高的返修代码。

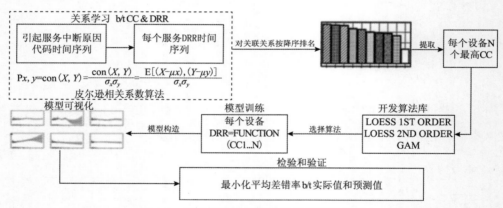

图 4.6 预测设备返修率及返修原因的框架

在获得每个原因代码的相关性指数之后，可以按降序对它们进行排序。之后，选择器模块选出前 N 个原因代码，这些代码在等式中作为候选自变量，由关系与算法计算机预测设备返修率。根据前述，算法计算机能够确定选择返修原因代码子集和所对应的设备返修率之间的关系，基于所映射的 KPI 和这些关系，模型训练模块和预测模块对特定设备的返修率进行评估。可视化模块使模型可视化，它表征所测量的 KPI 与设备的返修原因代码之间的映射关系，验证和检验模块验证估计的设备返修率与设备返修率的真实（或测量）值之间的差异。

图 4.7 所示说明了测量的 KPI 和原因代码之间的可映射关系。为了预测给定预上市设备的潜在返修率，相关性模块将测量的 KPI 映射到原因代码，这是因为预上市设备的原因代码数据尚不可得，属于相应类别的 KPI 被映射到每个对应的原因代码。然后，训练模块和预测模块利用从上面的关系和算法计算机导出的公式来推导测量的 KPI 和潜在的设备返修率之间的关系。图 4.8 以降序的形式显示每个主要原因代码的相关指数。这样的关系图可以是选择器模块的输出，选择器模块准备候选自变量以回归（或预测/估计）设备返修率。图表在水平轴上列出了主要原因代码，而垂直轴上则显示了它与设备返修率的相关性。图 4.9 以降序显示每个次要原因代码的相关指数，这样的相关性指数可以从选择器模块输出，该模块准备候选自变量以回归设备返修率。图 4.10 说明了哪种原因代码是给定设备类型返修的主要原因。除了上面讨论的预测返修率报表之外，可视化模块生成和显示词云，词云是文本数据的可视化表示。返修原因代码的出现频率可用于确定与原因代码相关联的文本的大小。换句话说，当特定原因代码的可视化文本大小相对于其他原因代码更大时，表明相对于其他原因代码而言，这个更频繁出现的原因代码是设备返修的原因。词云对于快速感知最重要的词汇非常有用，此类可视化形式可以帮助运营商团队快速识别给定设备（如移动终端）的主要退还原因。

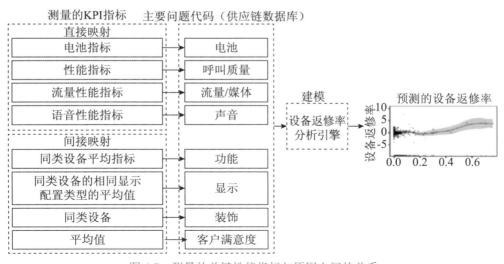

图 4.7　测量的关键性能指标与原因之间的关系

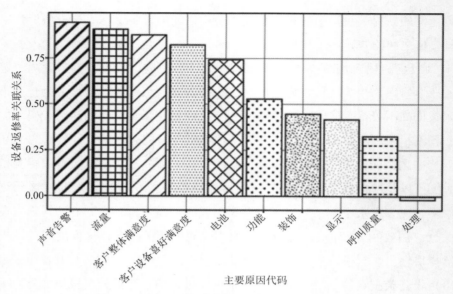

图 4.8　每个主要原因代码的相关索引按降序排列

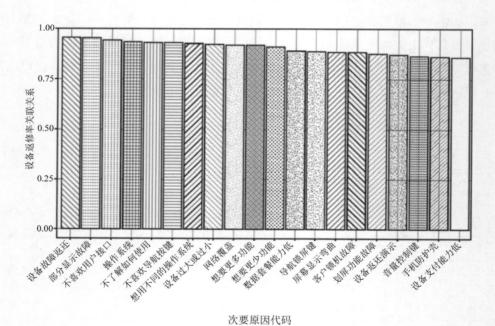

图 4.9　每个次要原因代码的相关索引按降序排列

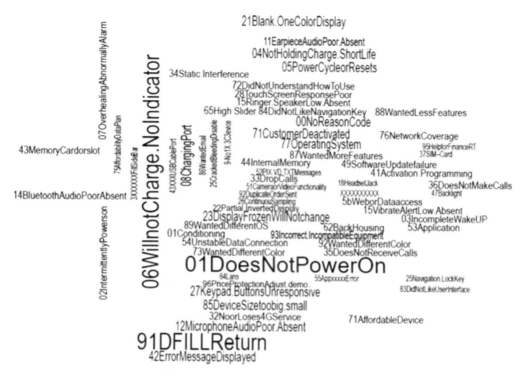

图 4.10　给定设备类型主要返修原因代码

图 4.11 对任意选定的原因代码和设备返修率之间的关系进行可视化，在多维空间中显示所选的原因代码和回归的设备返修率，图中曲线可由分析引擎使用对应于设备返修率的一组数据点来计算，该图的可视化被认为是散点图。在散点图中，当存在一个参数随另一个参数系统地递增和 / 或递减时，该参数对应的另一个参数被称为控制参数或自变量，且通常沿着水平轴绘制。测量变量或因变量通常沿垂直轴绘制。如果不存在因变量，则可以在任一轴上绘制任一类型的变量，或者通过散点图可以说明两个变量之间的相关程度。举例来说明，每个平滑处理后的曲线值可以由分析引擎对 y 轴值域跨度上的散点图自变量使用加权二次最小二乘回归来计算。图 4.12 显示了多维空间中任意两个选定原因代码和设备返修率之间的关系，其曲面可以由分析引擎根据图 4.11 所示的任何两个可视化的组合来计算。使用多个标量变量，并将其中相位空间中不同轴的变量关联起来计算曲面，对不同的变量进行组合，在相位空间中形成坐标并显示出来。

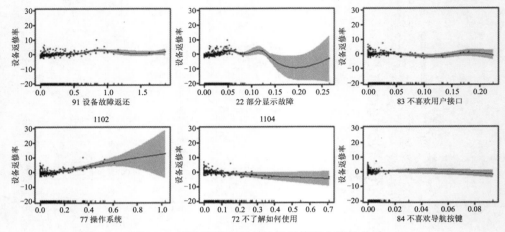

图 4.11 所选原因代码与设备返修率之间的关系

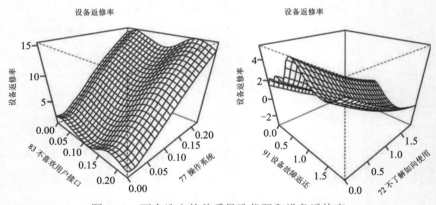

图 4.12 两个选定的关系导致代码和设备返修率

4.3.2 设备就绪预测

设备就绪评估框架如图 4.13 所示，基于一个或多个 KPI 的设备市场就绪模型可以由曲线表示，如 S 曲线或 Sigmoid 曲线。

一旦模型被初始化，模型计算机根据一个或多个 KPI 计算 Sigmoid 函数的系数（如使用最小二乘法）。"最小二乘法"是对方程组中每一个方程最小化误差的平方和的总体解决方案。为了初始化模型，模型计算机假设设备就绪与时间呈 Sigmoid 或 S 形关系。

随着时间的推移，可获得更多的测试数据。模型的形状可以通过模型计算机从 Sigmoid 调整为其他形状，改变模型形状的阈值可以由若干条件触发，包括但不限于平均误差率、凹凸性曲线的判定及曲线曲率等。

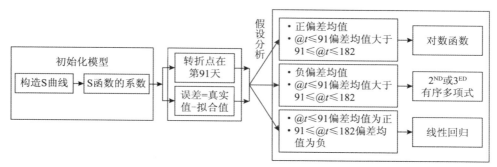

图 4.13 设备就绪评估框架

设备就绪预测模型利用一种或多种算法来确定设备就绪程度。它假设设备给定的 KPI 的基准值是该设备制造周期的第 0 天（或第一天）的测量值。

$$\text{KPI}_{\text{BencheMark}} = \text{KPI}_{\text{Measured@Day0}} \tag{4.1}$$

对于这个特定的 KPI，模型可以指定它的可接受值，这个可接受值就是阈值，由运营商向生产该设备的 OEM 指定。因此，它可以指定为 KPI_Acceptance=p。下一步是为设备的 KPI 定义就绪指数，即该模型指定在给定日 t 的 KPI 就绪指数由在第 t 天测量的 KPI 和 KPI 可接受值与 KPI 基准的绝对差值给出。KPI 可接受值是运营商对交付该设备的 OEM 可接受的 KPI 值。KPI 基准值是特定设备 KPI 的建议值或基准值，该模型可以将设备就绪指标（Device Readiness Indicator，DRI）计算为

$$\text{ReadinessIndex}_{\text{KPI}} = \begin{cases} \left| \dfrac{\text{KPI}_{\text{Measured@Day}\_t} - \text{KPI}_{\text{BM}}}{\text{KPI}_{\text{Acceptance}} - \text{KPI}_{\text{BM}}} \right| & \text{when} \quad \text{KPI}_{\text{Day}\_t} \geqslant \text{KPI}_{\text{BM}} \\ 0 & \text{when} \quad \text{KPI}_{\text{Day}\_t} < \text{KPI}_{\text{BM}} \end{cases} \tag{4.2}$$

$\text{KPI}_{\text{Day}\_t} \geqslant \text{KPI}_{\text{BM}}$，表明第 t 天测量的 KPI 优于 KPI 基准值。

标准 Sigmoid 函数表示为公式（4.3）。然而，上市时间成熟度（Time To Market Maturity，TTMM）模型的 Sigmoid 曲线可能并不与标准的 Sigmoid 曲线精确一致。因此，DRI 函数可以表示为

$$y = f(x) = \frac{1}{1 + e^{-x}} \tag{4.3}$$

$$\text{ReadinessIndex}_{\text{KPI}} = \frac{A_1}{1 + e^{-B(t-C)}} = \frac{A}{1 + e^{B(C-t)}} \tag{4.4}$$

其中，A 表示 DRI 的最大值；

B 表示 Sigmoid 曲线的曲率。

在一个循环函数中，B 可以称为 Sigmoid 曲线的一个相位，C 表示 Sigmoid 曲线的一个拐点。在这个模型中，如果已知 DRI 的最大值为 1，则有 $\text{ReadinessIndex}_{\text{max}}=1$，并得到 $A=1$。假设从设备对网络安全的时间到测试完成的时间为 182 天，拐点可确定为第 91 天。因此，我们得到公式（4.5），变换后得到公式（4.6）：

$$\text{RI}_{\text{KPI}} = \frac{1}{1 + e^{-B(t-91)}} \tag{4.5}$$

$$t = 91 - \frac{\ln\left(\dfrac{1}{\text{RI}_{\text{KPI}}} - 1\right)}{B} \tag{4.6}$$

在这个模型中，t 和 B 都是非负的，假设 $\text{RI}_{\text{KPI}}=0$，$t=0$，这可以解释为在第 0 天 DRI 也为 0。当模型初始化时，该模型假定 OEM 在第 1 天所做的测试工作占总测试工作的 1/182，用 DRI 的 1/182 表示。因此，假设 $\text{RI}_{\text{KPI}}=1/182$，则有

$$t = 91 - \frac{\ln\left(\dfrac{1}{1/182} - 1\right)}{B} = 91 - \frac{5.198}{B} \tag{4.7}$$

因此，$t=91-(5.198/B)=1$（天）。于是，在这个例子中可以确定 $B=0.5776$。最后，TTMM 模型可以用下面的方程组和公式（4.8）来表示：

$$t_{\text{KPI}} = 91 - \frac{\ln\left(\dfrac{1}{\text{RI}_{\text{KPI}}} - 1\right)}{0.5776} \tag{4.8}$$

$$\text{TimeToMarket}_{\text{KPI}} = \text{Day}\_x_{\text{KPI}} + (182 - t_{\text{KPI}}) \tag{4.9}$$

该模型可以执行以下步骤来进行构建。首先，此模型可以计算特定 KPI_i 的 DRI 值，该特定 KPI 的 DRI 值可通过下面伪代码来进行计算：

```
for kpi from 1 to i {
Get i-th kpi's benchmark value KPIiBM;
Get i-th kpi's acceptance value KPIiAcceptance;
```

Get i-th kpi's measured value at DayX $KPIi_{Measured@Dayx}$;

 if $KPIi_{\,Measured@Dayx}$ >= $KPIi_{BM}\{$

$ReadinessIndex_{kpii}$ = abs （（$KPIi_{Measured@Dayx}$ - $KPIi_{BM}$）/$KPIi_{Acceptance}KPIi_{BM}$）

$\}$else$\{$

 $ReadinessIndexkpii = 0;$

$\}$

$\}$

一旦计算得到了特定 KPI_i 的 DRI 值，该模型就可以计算 tKPI 和 KPI_i 的上市时间。tKPI 和 KPI_i 的上市时间计算如下：

for kpi from 1 to i

$\{$

$$ReadinessIndex_{KPI}=\begin{cases}\left|\dfrac{KPI_{Measured@Day\_t}-KPI_{BM}}{KPI_{Acceptance}-KPI_{BM}}\right| & when \quad KPI_{Day\_t}\geqslant KPI_{BM}\\ \qquad\qquad 0 & when \quad KPI_{Day\_t}<KPI_{BM}\end{cases}$$

$$t_{KPI}=91-\frac{\ln\left(\dfrac{1}{RI_{KPI}}-1\right)}{0.05776}$$

$$TimetoMarket_{KPI}=Day\_x_{KPI}+\left(182-t_{KPI}\right)$$

$\}$

在 KPI_i 的 tKPI 和上市天数计算完之后，模型可以从 KPI_1 到 KPI_i 中选择上市时间的最大值。DRI 值可以计算为

for kpi from 1 to i

$\{$

$$TimetoMarket=Max\left\{TimetoMarket_{KPI\_i}\right\}=Max\left\{Day\_x_{KPI\_i}+\left(182-t_{KPI\_i}\right)\right\}$$

$\}$

创建预测模型后，图 4.14 显示了不同 OEM 的设备就绪曲线 LARK、NIGHT OWL 和 REGULAR BIRD。 垂直轴表示设备就绪指数（DRI）值，水平轴是时间轴并且表示设备（如移动终端）生产周期中的天数。曲线拟合是构建曲线或数学函数的过程，该曲

线或数学函数在一定约束的情况下最接近于一系列数据点。曲线拟合要么使用插值，这时需要对数据进行精确拟合；要么使用平滑方法，这时需要构造近似拟合数据的"平滑"函数。拐点标识符可以计算每个真值和拟合值之间的差异（通过 Sigmoid 曲线获得），曲线的拐点由拐点标识符来识别，而拐点标识符基于上述计算的差值得到，拐点表示曲线上曲率改变符号的点。举例来说，S 曲线的拐点可以被识别为对应于移动终端的 182 天制造周期中的第 91 天的点。

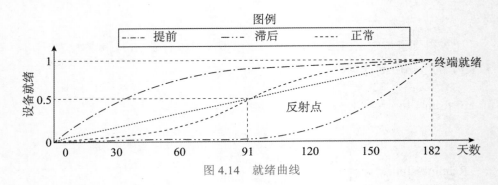

图 4.14　就绪曲线

第 5 章

VoLTE 语音质量评估

尽管市场上推出了许多 APP，但 LTE 手机用户仍大量使用语音通信。因此，对于运营商来说，移动话音呼叫质量评估仍然是一个重要的评价指标。语音及语音质量评估研究主要集中在音频片段的分析上。客观感知语音质量评估（Perceptual Objective Listening Quality Assessment，POLQA）是以音频片段作为输入，进行客观质量评价的语音质量评价标准。

音频特征分析方法的主要缺点是不具有可扩展性和可诊断性，事实上，测试结果是以人类感知为基础的，对语言很敏感。此外，这种评估方法与网络脱节，并未将移动网络本身作为一个因果因素来考虑。在本章中，我们从另一个角度给网络诊断和优化提出了一个指导性原则，主要思想是将收集的数据作为知识源，分析其如何直接影响移动语音质量。数据收集是通过众包完成的，使用用户提供的大量数据，以及包含广泛的语音质量信息（依赖于信号的强度和干扰）。

这种众包方法将语音质量与从流量数据中获得的不同网络指标联系起来，使用 POLQA 标准进行一次校准。从机器学习方面来说，需要用聚类和回归方法来调整射频（Radio Frequency，RF）指标、网络指标和语音质量之间的关系。最后一节介绍了一项基于众包 APP 的验证测试，试验表明该方法不需要额外的硬件或人力，且具有很高的模型精度和很强的诊断能力。

5.1 应用 POLQA 评估语音质量

5.1.1 POLQA 标准

在移动语音通话质量评估方面，已发表的研究成果大多集中在对语音质量的评价上。在这些方法中，ITU-T 标准（见图 5.1）POLQA 被广泛用于通过信号分析提供客观的语音质量评估。POLQA 专门支持用于 3G 和 4G LTE 网络的新型语音编解码器，它以音频片段作为输入，并将这些片段与预先录制的参考音频进行比较，以对与原始信号相关的劣化或处理过的语音信号进行评级，两个信号之间的差异看作失真。音频文件中累积的失真是根据平均意见评分从 1 ～ 5 分进行打分，得到的分数是对输入音频质量的合格评价。在该方法中，每个测试电话都需要连接到一个 POLQA 盒子，其中包括 POLQA 评估算法、麦克风、录音机、回放等，以评估手机的移动语音质量。每个 POLQA 盒可以发起与其他电话的通话，播放预先录制的参考音频片段，并记录接收到的音频信号，然后通过 POLQA 算法在盒内处理录制的音频片段，计算得出质量分数。

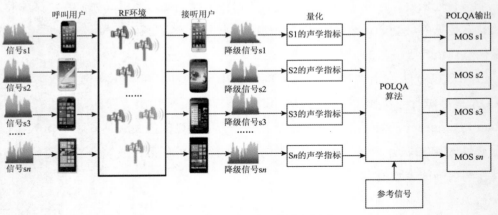

图 5.1　基于 POLQA 的语音评估

在 POLQA 体系架构下，语音和语音质量评估的研究主要集中在音频片段分析 [1～6]、人类语音建模 [7] 和语言处理 [9,10]。主观语音质量评估将人的感知作为关键因素来评价语音通话的清晰度和可理解性[8]，为进一步评估人类声音的质量，提取不同语言和音调的特征并对其进行建模[11]。

5.1.2　语音质量评价中的可扩展性和可诊断性

POLQA 方法的成本高、设备特殊、用途和使用范畴极为有限。首先，使用这些方法评估音频特性是烦琐和昂贵的，这需要无噪声的测试环境和专业硬件，如高清晰度录音机、耳机和回放机，此外，测试结果通常仅对语言和语调敏感。这种音频质量评价方法不能分析质量变化的根本原因，这意味着它不能为移动系统的诊断和优化提供指导意见。更重要的是，它不能直接应用在大规模移动网络中进行网络端语音质量评价和问题定位。

为了克服这些限制，需要一种可行的语音质量评估方法，需要尽可能少的硬件和人力投入，必须是可解释的且可以直接映射网络指标。这些要求该方法必须具有可伸缩性和可诊断性。

5.2　CrowdMi 方法论

我们观察到，移动语音质量下降的主要原因是无线环境中的信号传播问题。基于这种观察，我们设计了一种无线分析算法，通过挖掘各种类型的网络指标来对移动语音质量进行建模。这种模型不直接测量音频特征，而是对不同网络场景下用户的大规模数据众包，在语音质量变化与网络条件偏差之间建立量化的因果关系。

本章中的无线分析模型称为 CrowdMi，该模型通过挖掘各种类型的网络指标对移动语音质量进行建模，将 POLQA 作为量化移动语音质量的标准。在电话测试过程中，收集语音音频片段和网络指标，基于不同的射频（RF）特征将测试数据分成不同的组，然后根据对网络性能产生重大影响的相关网络指标对每个组进行聚类，最终通过回归建立预测模型。CrowdMi 由训练和测试两个阶段组成，可作为 APP 安装在智能手机上以进行语音质量评估。安装了 CrowdMi 的手机可互相通话，可在通话过程中收集音频片段和网络指标等数据。

5.2.1 基于 RF 特征的分类

收集到的记录根据其 RF 质量分为不同的组。由于移动语音质量主要受覆盖和干扰两个因素的影响，本文将参考信号接收功率（Reference Signal Received Power，RSRP）和信号与干扰加噪声比（Signal to Interface plus Noise Ratio，SINR）作为射频质量的两个主要特征对采集到的记录进行分类。

5.2.2 网络指标选择与聚类

根据每个 RF 组内的网络指标对记录进行聚类。移动网络中有数以百计的网络指标，但只有少数几种指标会影响语音质量。我们设计了一种特征选择方法来选择最相关的网络指标，使用它们作为特征进行聚类，根据网络资源的可用性、充分性和可分配性将数据分为多个类，聚类的特征为选中的网络指标。采用 K-Medoids 方法进行聚类，引入一种新的收敛规则来确定最优的 K 值从而使模型收敛。采用这种方法是由于在网络使用高峰期间，网络指标消耗产生了很大偏差，含有许多峰值和离群值，可以被 K 均值方法和其他类似算法稀释。

5.2.3 网络指标与 POLQA 评分之间的关系

在将所有记录聚类到不同的簇后，对于每个簇，通过对与语音质量高度相关的网络指标进行回归，将选定的网络指标与计算所得的 POLQA 评分关联起来。我们提出了自适应局部加权回归散点平滑法（Adaptive Local Weight Scatterplot Smoothing，A-LOESS），通过增加自适应窗口大小来回归特征，计算估计的语音质量分数，对原始 LOESS[13] 算法进行了改进。

5.2.4 模型测试

一旦建立了语音质量模型，将不再依赖 POLQA 并可以充分利用这种模型。为了评估手机的语音质量，CrowdMi 仅收集每部手机的网络指标和 RF 数据。这些数据被视为模型的输入，该模型通过测量输入记录和训练模型之间的相似性来分配 RF 质量组和网络指标聚类。利用这些特征，该模型可以计算出这部手机通话的语音质量。

5.3　CrowdMi 中的技术细节

5.3.1　记录分类

RSRP 是指在整个带宽上承载蜂窝小区特定参考信号资源要素的平均功率，是一种反映蜂窝信号强度的直接指标。因此，它是表示覆盖强度的代表性指标。此外，强覆盖并不能保证良好的 RF 质量，具有高干扰和噪声的强覆盖区域语音信号质量仍然差。SINR 反映了干扰和噪声状况，是表征干扰条件的典型指标。通常，除非在高污染的 RF 环境中，高 SINR 总是与高 RSRP 相关。此外，领域专家（参考文献 [12]）提出了用 LTE 信号强度等级来表示这些信号指标。因此，我们只需使用这些标量来对 RF 质量进行分类，并将记录划分为不同的类别。表 5.1 是 CrowdMi 中分别基于 RSRP 和 SINR 等级的分类表。

表 5.1　RF 质量分类

类　别　号	RSRP（dBm）	SINR（dB）	描　　述
分类 1	≥ -85	>15	好 Cov. 和低 Intf.
分类 2	≥ -85	≤ 15	好 Cov. 和高 Intf.
分类 3	（-105，-85）	>15	中 Cov. 和低 Intf.
分类 4	（-105，-85）	≤ 15	中 Cov. 和高 Intf.
分类 5	≤ -105	>15	差 Cov. 和低 Intf.
分类 6	≥ -105	≤ 15	差 Cov. 和高 Intf.

注：Cov——覆盖；Intf——干扰。

5.3.2　网络指标的选择

为了进行特征选择，我们设计了空间轮廓距离（Spatial Sihouette Distance，SSD）来测量各个网络指标区分语音质量的能力，且只选择 SSD 值较大的特征。在训练数据集中，首先根据 POLQA 语音评分将所有的记录分为不同的质量组。然后，计算各组中每个网络指标的 SSD 值，并利用该值来确定网络指标的识别能力。具体来说，按照 ITU-T 标准将移动语音数据按 POLQA 评分分为 4 组，分别为 C1:（0，2）、C2:（2，3）、C3:（3，4）、C4:（4.0，4.5）。

假设每组 $C_k(k=1,2,3,4)$ 有 n 条记录，每条记录 r_j^k 有 m 个网络指标。在每个质量组 C_k 中，对于每条记录 r_j^k 的每个网络指标点 r_{ij}^k，首先计算该点到同一组中所有其他点的欧氏距离（ED），得到该特征点的组内平均 ED—$\text{IntraED}_{i,j}^k$。然后，对于这个特征点，计算它到所有其他组中特征点的 ED 值，并计算这个网络指标点 $R_{i,j}^k$ 的组间平均 ED—$\text{InterED}_{i,j}^k$。按照这种方法，计算训练记录中每个特征点的组内平均 ED 和组间平均 ED。在此基础上，对于每个质量组和每个网络指标，对组内所有记录的组内 ED 值取平均，得到其组内平均 ED—IntraED_i^k 和这个指标的组间平均 ED—IntraED_i^k。对于每个质量组 C_i，各指标 R_i^k 的 SSD 值由公式（5.1）计算。

$$S_i^k = \frac{\text{InterED}_i^k - \text{IntraED}_i^k}{\max\{\text{InterED}_i^k, \text{IntraED}_i^k\}} \tag{5.1}$$

对于质量组 C_k 中的每个网络指标 R_i^k，用 3 次方权函数对其进行加权，方法如下：

$$W_i^k = \begin{cases} \left(1 - \left|\sum_{i,j=1}^{4}\left(R_i^k - R_j^k\right)\right|^3\right)^3 & \left|\sum_{i,j=1}^{4}\left(R_i^k - R_j^k\right)\right| < 1 \\ 0 & \left|\sum_{i,j=1}^{4}\left(R_i^k - R_j^k\right)\right| \geqslant 1 \end{cases} \tag{5.2}$$

最后，得到所有 RF 组中每个网络指标 R_i 的 SSD：

$$S_i = W_i^k \cdot S_i^k \tag{5.3}$$

在得到所有网络指标的 SSD 后，考虑到它们是判别特征，并且与语音质量高度相关，选取 S_i =0.7 的指标作为特征进行聚类。

5.3.3　聚类

基于行业经验，我们定义了一个聚类数为 u 的上界，以选择最优的聚类数 k。将 k

从 2 迭代到 u，并在每次迭代中进行 K-Medoids 聚类，从而选择最优的 k 值，使得类内的误差最小，类间距离最大，如下所示：

$$\begin{cases} 0.7 \leqslant \dfrac{\text{IntraSumOfError}_{k+1}}{\text{IntraSumOfError}_{k}} \leqslant 1 \\[2mm] 0.7 \leqslant \dfrac{\text{IntraSumOfError}_{k+2}}{\text{IntraSumOfError}_{k+1}} \leqslant 1 \\[2mm] 0.7 \leqslant \dfrac{\text{IntraSumOfError}_{k+3}}{\text{IntraSumOfError}_{k+2}} \leqslant 1 \end{cases} \tag{5.4}$$

5.3.4　回归

我们将 POLQA 评分打包到不同的容器中，并根据每个容器的分布密度动态调整每个局部集的窗口大小。基于 POLQA 语音评估领域的经验，我们根据 POLQA 标度设置了 9 个容器：$\text{Bin}_0 = [0, 0.5]$，$\text{Bin}_1 = (0.5, 1)$，$\text{Bin}_2 = [1, 1.5]$，$\cdots$，$\text{Bin}_8 = (4.5, 5)$，将初始窗口宽度设置为样本点范围的 1/100，并按升序绘制所有测量的 POLQA 评分的散点图。设 $f(x)$ 为散点图函数，其中 x 取值为 1 到 POLQA 样本点个数。首先，对于每个容器，对散点图函数在其范围内的值进行积分，计算其分布密度：

$$y_a = \int_{f^{-1}(0.5a)}^{f^{-1}(0.5a + 0.5)} f(x)\mathrm{d}x \quad (i = 0, \cdots, 8) \tag{5.5}$$

然后，对 y_a 按升序排序。设 $S(y_a)_{\min}$ 为具有最小 y_a 的容器，$S(y_a)_{\text{med}}$ 表示具有 y_a 中位数的容器，$S(y_a)_{\max}$ 表示具有最大 y_a 的容器，根据排序结果动态地计算窗口大小，如下所示：

$$\text{win\_size} = \begin{cases} \dfrac{0.5 + 0.125 \cdot S}{100} \cdot N & (S = 0, \cdots, 4) \\[3mm] \dfrac{1 + 0.25 \cdot (S - 4)}{100} \cdot N & (S = 5, \cdots, 8) \end{cases} \tag{5.6}$$

最后，我们利用上述公式计算出的自适应窗口大小，根据所选特征的 POLQA 评分进行 LOESS 回归。

5.4　CrowdMi 原型设计与试验

5.4.1　客户端和服务器架构

CrowdMi 模型有两个主要组成部分：客户端和服务器端，如图 5.2 所示。客户端是安装在安卓智能手机上的 APP，主要功能是通过众包方式在不同地点和网络场景中收集用户数据，并将数据发送回服务器。服务器运行无线分析算法，挖掘采集到的数据，基于在训练阶段采集到的网络指标建立一个评估移动语音质量的模型，利用从每个客户端采集的实时数据，计算出这个客户端的移动语音质量，即该客户端在测试阶段所处位置当时的语音质量。

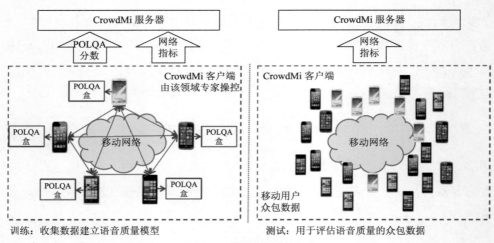

图 5.2　CrowdMi 系统架构

智能手机中的客户端自动监控手机的网络状况并收集数据。在训练阶段，每部手机都由测试工程师操作，并与 POLQA 盒连接，POLQA 盒包括几个预先录制的参考语音的音频片段，以及一个把语音片段作为输入的标准化客观语音质量测量系统，将该语音与参考语音进行比较，并计算出语音质量。训练阶段开始时，装有客户端的手机相互通话，播放 POLQA 盒产生的音频片段，记录对方手机接收到的音频片段，同时记录通话过程中手机的网络状况。每次通话结束后，每个 POLQA 盒计算所录制的音频片段的质量分数，客户端将分数和网络指标上传到服务器。服务器使用这些数据来建立一个用于语音质量评估的模型。

在测试阶段，装有客户端的手机不需要连接到 POLQA 盒，只运行客户端。客户端不需要打电话，只在后台运行以收集该手机的网络指标。它定时向服务器发送数据，报告手机在不同地点的网络状况。

图 5.3 显示了 VoLTE 场景中在训练阶段运行的客户端的用户界面。在图 5.3 中，（a）为客户端首页；（b）显示了日志信息；（c）是网络条件的数据显示；（d）是网络条件的可视化图形；（e）为数据采集过程中的移动轨迹。这些显示信息包括丰富的日志信息和从服务器发送回来的评估结果，如 KPI、质量评估分数、位置跟踪等。这些信息可通过各种形式实时显示，极大地方便了网络的语音评估，从而帮助领域工程师诊断网络问题。图 5.4 显示了在训练阶段测试车辆中的客户端。在测试阶段进行大规模众包时，POLQA 盒不必连接，可视化功能可以关闭，APP 在后台自动运行。服务器构建语音质量模型，并评估不同位置和覆盖条件下蜂窝网络的语音质量。

(a)　　　　　(b)　　　　　(c)　　　　　(d)　　　　　(e)

图 5.3　在 LTE 网络场景下运行的 CrowdMi APP 的用户界面

图 5.4　训练阶段的 CrowdMi 客户端

在训练阶段，服务器从客户端收集数据，并运行挖掘算法，利用接收到的语音质量分数和网络指标对移动语音质量进行建模。模型构建完成后，存储在服务器中。在测试阶段，服务器使用计算所得的模型定期评估每个客户端的语音质量，这种评估是对客户端所在位置的网络的语音质量评估。

5.4.2　测试和结果

我们在不同网络质量的不同地理区域的 VoLTE 网络中进行试点，以测试语音质量模型的准确性，并评估该系统的可诊断性，以便找到与语音质量相关的网络指标，试验从 2013 年 12 月持续到 2014 年 8 月。在这 9 个月中，我们在主要网络运营商的 50 部 Android 4.3 系统的智能手机上安装了客户端 APP，该系统支持 VoLTE 功能。客户端测量所有需要的网络 /RF/ 设备性能指标，并迭代收集和上传测试日志。我们选择事先录制好的 11 个哈佛大学的美式英语女声句子，每个句子的长度为 10s，作为 POLQA 盒的音频输入。所有测试手机均处于时间同步的半双工模式。当一部手机呼叫另一部手机并播放音频片段时，应答手机开始通过比较接收到的音频信号与参考音频信号来计算 POLQA 评分，并同时向呼叫者播放相同的音频片段。

考虑到移动性是一个影响语音质量的重要因素，77% 的人进行驾驶测试，23% 的人进行静态测试。我们为每个测试用例随机选择移动环境，在覆盖质量和干扰等不同的多样化移动环境中生成 POLQA 记录。我们总共收集了 POLQA 测试用例的 317 条日志，其中 299 条是有效日志，另外 18 条错误日志被剔除。这些有效日志包含 8987 条 POLQA 语音记录，根据测量的 RSRP 和 SINR 值将所有记录分为 6 组，如图 5.5 所示。

表 5.2 显示了我们计算 SSD 选择的前 9 个网络指标。大多数选定的指标与吞吐量和音频传输有关，低于我们的预期。为了显示所选特征与语音质量的高相关性，我们利用表 5.2 中 RLC.DL. Throughput、RTP.Audio.Rx. Throughput 和 Handover.Happening 的特征，并在此基础上计算 POLQA 评分。正如预期的那样，当吞吐量指标高时，POLQA 评分高，而当切换频繁时评分低，这些指标与 POLQA 评分密切相关。为了评估 A-LOESS 算法的准确性，我们使用 75% 的数据作为训练数据集，剩余的 25% 作为测试数据集，并使用平均绝对比例误差（Mean Absolute Percentage Error，MAPE）来计算模型的误差，如图 5.5 所示。

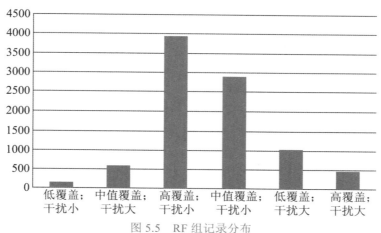

图 5.5　RF 组记录分布

$$e = \frac{1}{n} \sum_{i=1}^{n} \left| \frac{S_i^{\text{POLQA}} - S_i^{\text{CrowdMi}}}{S_i^{\text{POLQA}}} \right| \tag{5.7}$$

其中，S_i^{POLQA} 和 S_i^{CrowdMi} 分别为 POLQA 和 CrowdMi 计算的第 i 条记录的语音质量分数。各 RF 组的 MAPE 值如图 5.6 所示。从图 5.6 中可以看出，除了"低覆盖、干扰小"的组外，训练数据集中的 MAPE 小于 10%。本组 MAPE 过低并非由模型引起，而是由于实验中收集到的记录不足。这可以通过在 RF 组的环境中进行一些额外的测试来解决。总的来说，MAPE 保持在一个非常低的水平，这表明 CrowdMi 系统的模型精度很高。

表 5.2　已 选 特 征

特　　征	SSD
MAC.DL.Throughput	0.8430
PDSCH.Throughput	0.8214
RLC.DL.Throughput	0.8186
RTP.Audio.Rx.Throughput	0.8057
PDCP.DL.Throughput	0.7934
RTP.Audio.Tx.Throughput	0.7928
RTP.Audio.Rx.Delay	0.7412
RTP.Audio.Rx.Jitter	0.7103
Handover.Happening	0.6974

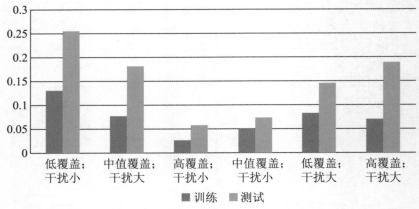

图 5.6　各个 RF 组 CrowdMi 的 MAPE

　　训练集与测试集之间的可靠性是稳定的，因为训练集之间的 MAPE 差异很小，不超过 12.58%，这同样适用于"低覆盖、干扰小"的组。结果表明，该模型是一种适用于 LTE 网络 POLQA 评估的有效方法。

参 考 文 献

[1] J. Berger, A. Hellenbart, R. Ullmann, B. Weiss, S. Mller, J. Gustafsson, and G. Heikkil, (2008)"Estimation of quality per call in modelled telephone conversations, " Conf. Acoustics, Speech, and Signal Processing(ICASSP), Las Vegas, NV.

[2] S. Broom, (2006)"Voip quality assessment: Taking account of the edge-device, " Audio, Speech Lang. Processing(Special Issue on Objective Quality Assessment of Speech and Audio), vol. 14, no. 6, pp. 1977–1983, Nov.

[3] N. Ct, V. Koehl, V. Gautier-Turbin, A. Raake, and S. Mller, (2010)"An intrusive superwideband speech quality model: Dial, " Speech Communication Association(Interspeech10), Makuhari, Japan.

[4] W. Zhang, Y. Chang, Y. Liu, and L. Xiao, (2013)"A new method of objective speech quality assessment in communication system, " Journal of Multimedia, Vol. 8, No. 3, June 2013, Academy Publisher.

[5] Q. Li, Y. Fang, W. Lin, and D. Thalmann, (2014)"Non-intrusive quality assessment for enhanced speech signals based on spectro-temporal features, " International Conference on Multimedia and Expo Workshops(ICMEW).

[6] P. Bauer, C. Guillaumea, W. Tirry, and T. Fingsheidt, (2014)"On speech quality assessment of artificial bandwidth extension," Conference on Acoustics, Speech and Signal Processing(ICASSP).

[7] P. Reichl, S. Egger, R. Schatz, and A. DAlconzo, (2010)"The logarithmic nature of qoe and the role of the weber-fechner law in qoe assessment," International Conference on Communication(ICC).

[8] V. Emiya, E. Vincent, N. Harlander, and V. Hohmann, (2011)"Subjective and objective quality assessment of audio source separation," Audio, Speech and Language Processing Vol. 19, No. 7.

[9] T. Falk, C. Zheng, and W.-Y. Chan, (2010)"A non-intrusive quality and intelligibility measure of reverberant and dereverberated speech, " Audio, Speech Lang. Processing(Special Issue on Processing Reverberant Speech: Methodologies and Applications), vol. 18, no. 7, pp. 1766–1774.

[10] M. Gueguin, R. LeBouquin, V. Gautier-Turbin, G. Faucon, and V. Barriac, (2008)"On the evaluation of the conversational speech quality in telecommunications," EURASIP J. Adv. Signal Processing, vol. 2008, Article ID 185248.

[11] B. Weiss, S. Moller, A. Raake, J. Berger, and R. Ullmann, (2008)"Modeling conversational quality for time-varying transmission characteristics," Acta Acoust. United Acoust., vol. 95, no. 6, pp. 1140–1151.

[12] M. Sauter, (2010)"From gsm to lte: an introduction to mobile networks and mobile broadband, " in John Wiley & Sons.

[13] W. S. Cleveland and S. J. Devlin, (1988)"Locally Weighted Regression: An Approach to Regression Analysis by Local Fitting, " Journal of the American Statistical Association, vol. 83, no. 403, pp. 596–610.

第 6 章

移动 APP 无线资源使用分析

本章主要从另外一个方面分析移动手机流量，即移动 APP。随着 LTE 技术的普及，APP 产生的网络流量给移动网络带来了巨大的负荷。分析无线资源的使用情况可以帮助我们更好地理解网络流量，对预测潜在的带宽消耗过载很重要，可以改善资源分配、提高服务质量。

在研究中，有的研究每个用户的带宽分析，但是没有考虑到智能手机 APP 的多样性；有的研究在终端上，分析 APP 对智能手机硬件资源的使用情况。本章将这两个方面结合起来，为移动 APP 提供无线资源使用情况的分析。

这项任务的主要困难是如何利用数据将 APP 使用行为与网络资源的使用联系起来。对于数据收集，AppWiR 处理 APP 流量数据并将其发送到服务器。为了探讨各个 APP 对网络的影响，我们建立了一个两层映射模型，该模型包括一个基于随机森林的特征选择算法和用于定量映射的 SW-LOESS 算法。结果表明基于该模型的分析机制是有效的，能够准确地估计和预测移动 APP 的资源使用情况。

6.1　起因和系统概述

6.1.1　背景和挑战

数据和信令风暴会严重消耗蜂窝资源，大大降低了蜂窝网络的服务质量。因此，理解移动 APP 对网络资源的使用，对于资源控制、服务质量提高和资费定价尤为重要，因而运营商对此高度重视。

然而，在分析网络资源时，很少有研究考虑来自移动 APP 的影响。目前，几乎所有的研究都集中在分析 APP 对智能手机资源的使用上，可是这不适用于分析 APP 对移动网络资源的使用情况。这是因为，人们在分析网络资源使用情况时，要么仅仅关注手机终端的资源使用情况分析，要么分析网络资源时忽略移动 APP 对网络资源的影响。网络资源不受 APP 的直接影响，但受到数以百计无线条件的影响，如流量、信令强度等。网络资源由不同层中的数千个网络功能共享并同时使用，如切换协议和 APP 消息正文传输。由于共享性和网络架构的堆栈性，对于上层网络功能来说，下层网络资源既包括切换协议也包括正文。如果要研究的网络功能分布在几个层中，则 APP 使用量很难量化或区分。此外，由于 APP 行为与网络资源之间缺乏联系，很难找到导致资源消耗变化的根本原因，因而无法准确定位可能出现的问题或预测使用情况。由于存在大量的共存 APP，并且它们同时对网络产生影响，因此很难将一个 APP 的资源使用情况与其他 APP 清晰地区分开来。对于每个特定的移动 APP，它在不同的时间、不同的位置、不同的网络条件下使用，最终会导致其行为、网络特性及资源使用情况频繁地发生变化。因此，需要一种可伸缩的、轻负荷的数据收集方法。

6.1.2　移动资源管理

目前与移动资源管理相关的研究工作可以分为两类：分析 APP 对智能手机资源的使用情况 [1～4] 及网络资源管理和优化 [5～13]。前者停留在设备端，描述移动 APP 对智能手机资源的使用情况；后者分析了用户活动和移动模式如何影响移动网络资源分配。这两者都没有在网络方面分析移动 APP 对网络资源的使用情况。

对于从移动 APP 中收集数据，现有的资源分析机制依赖于两种方法。一种方法是用领域专家操作的专用设备收集数据，如测试电话、日志记录仪等，这涉及人力和硬件设备的巨大投入，因此对于大规模分析来说是不可行的；另一种方法是在蜂窝小区级别进行深度包检查（Deep Packet Inspection，DPI），以收集 APP 特定的指标。然而，由于 DPI 需要大量消耗网络资源来收集足够的训练数据，需要长时间运行，大大劣化了常规网络服务。根据我们掌握的情况，本章所介绍系统是第一个采用用户众包和分析模式分析移动 APP 的网络资源消耗的研究方案。本方案分析 APP、网络信号 / 流量和网络端硬件使用之间的因果关系，这对领域专家进行资源使用情况诊断有很大帮助。

6.1.3 系统概述

我们观察到，移动 APP 通过产生各种类型的数据和信令流量来影响网络。这些流量直接消耗后端网络资源，网络流量既是 APP 行为和网络资源使用的桥梁，也可以用于进一步探索 APP 和网络资源之间的关系。

在这一章中，我们介绍了一个基于众包的无线分析系统——AppWiR，它从智能手机中收集 APP 行为信息，并结合网络流量和资源对这些信息进行分析，建立映射模型。AppWiR 由安装在智能手机上的用于收集移动 APP 行为进行模型训练的众包工具和位于服务器中的一组分析算法组成，这些算法通过挖掘收集的数据来对移动 APP 行为和网络资源使用之间的关系建模。图 6.1 说明了 AppWiR 系统的体系结构。

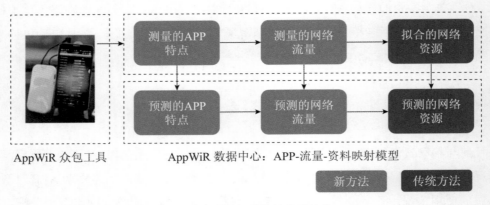

图 6.1 AppWiR 系统的体系结构

我们利用众多现有移动用户，将 AppWiR 安装在 Android 智能手机上，在后台运行，记录每一个 APP 的行为信息，如 APP 开 / 关、使用频次、发送 / 接收消息、切换协议和数据传输等。我们收集了小区级别的网络流量和资源使用数据。为了确保收集到的小区级别数据与来自众包的 APP 数据一致，仅保留允许使用 AppWiR 工具记录手机 APP 流量的测试蜂窝小区。这样，就可以确保在收集到的数据中，网络资源的消耗完全反映众包移动 APP 的活动。利用所采集的数据，建立 APP 行为与网络资源使用之间的两层映射模型。一层介于移动 APP 和网络流量之间，另一层介于网络流量和底层资源使用之间。对于每一层，通过利用随机森林决策树，采用近邻矩阵辅助特征选择（PMFS）算法选择与该层状态变化高度相关的相关指标。在此基础上，提出一种基于滑动窗的局部加权回归散点图平滑算法（SW-LOESS），对选取的指标进行回归，并在该层建立映射，这种映射机制适用于这两层。

通过两层映射，APP 行为的变化可以很好地反映网络流量的变化，并能进一步反映资源使用情况的变化。因此，可以使用每个移动 APP 的指标对其网络资源消耗进行建模和估计。我们验证了所建立的模型，用时间序列表示已发现的知识，并进一步分析其时间特性，以预测未来的网络资源使用情况。

6.2　AppWiR 众包工具

我们开发了分布式众包 APP——AppWiR 并安装在 Android 手机上，该 APP 记录了手机的数百个网络和行为指标，可以动态配置 AppWiR 以配合不同的测试环境。配置完成后，APP 在后台运行，在不影响手机使用的情况下，记录预先指定的 APP 指标。

收集到的 APP 数据被压缩并暂时存储在手机中，其中每条记录都使用对应的 APP 的名称进行标记。经过一定时间后，APP 会自动将所记录的指标日志打包并发送到数据中心。在收到日志后，对于每一个感兴趣的 APP，合并来自不同手机的所有收集的行为指标记录。AppWiR APP 在每个已安装的手机中全天候运行，直到它收集足够的数据来训练映射模型。同时，由于网络流量和资源使用数据较少，又不必区分 APP，所以也在相应的蜂窝小区中以集中化的方式进行收集。

图 6.2 显示 AppWiR APP 的用户界面。为了帮助领域专家在本地诊断网络问题，APP 提供了配置和显示日志信息及结果摘要的功能，如 APP 状态、数据吞吐量、连接类型、持续时间和位置跟踪等，这些信息可通过多种形式实时显示。一旦在数据中心收集到足够的数据后，就执行 AppWiR 挖掘算法对两层映射模型进行训练，并将结果存储在服务器中。在测试阶段，为了应用模型并分析 APP 的资源使用情况，我们打开 DPI 一小时以收集 APP 数据，因为它不需要像训练阶段那么多数据。DPI 数据的收集每月执行一次，这不会给网络带来太多的开销。将数据采集到服务器后，利用训练后的模型对收集到的

APP 行为数据进行挖掘，以评估每个感兴趣的 APP 的历史网络资源使用情况，并预测其未来的使用情况。

（a）　　　　　（b）　　　　　（c）　　　　　（d）　　　　　（e）

图 6.2　AppWiR 工具的用户界面

6.3　AppWiR 挖掘算法

6.3.1　网络指标的选择

近邻矩阵辅助特征选择（PMFS）算法，根据指标之间的相似度距离利用随机森林决策树来评价各指标的重要性。在系统中，我们利用 MPFS 算法选择相关指标来建立双层映射模型。

数据收集后，根据其测量值为每条记录的每个指标分配一个标签。利用标签，我们使用随机森林分类器来构建决策树，将收集到的数据分成不同的类。在构建树的过程中，生成一个称为近邻矩阵的二维相似矩阵，其中每个元素都记录了每对指标之间的相似度距离。我们使用所设计的近邻矩阵来度量聚类间的相似性，并应用这些知识来评估每个指标在将数据划分为不同类别时的能力，只有评分高的指标才能作为特征。具体来说，近邻矩阵是在随机森林决策树的生长过程中生成和更新的。最初，给定一个有 n 个指标的训练数据集，近邻矩阵 $\boldsymbol{P}$ 是 $n \cdot n$ 的零矩阵。当树生长时，检查树的每一个节点。在一个树节点上，如果该节点同时出现一对指标 f_i 和 f_j，则通过加 1（即 $P_{ij}=P_{ij}+1$）来更新

矩阵元素 P_{ij}。这个检查过程是不断重复的，直到所有的决策树都在森林中完全生长。在此基础上，我们对每个矩阵元素的值进行归一化，得到近邻矩阵，其中每个元素表示对应的一对指标的相似度。

我们根据近邻矩阵计算每个指标的重要性评分。假设一个训练数据集有 n 个指标，并且把数据集划分为 c 类，我们计算类内相似度 P_{intra} 和类间相似度 P_{inter} 的比值为

$$R = P_{\text{intra}} / P_{\text{inter}} \tag{6.1}$$

其中，

$$P_{\text{intra}} = \sum_{i,j=1}^{n} P_{i,j}\left(i = j\right)$$

和

$$P_{\text{inter}} = \sum_{i,j=1}^{n} P_{i,j}\left(i \neq j\right)$$

对于每个指标 f_i，用随机噪声代替它的值，并用得到的一个新数据集来确定指标 f_i 的重要性。将新数据集输入随机森林分类器中，得到一个新的相似矩阵 $\boldsymbol{P}_i$ 及其相应的相似比 R_i。计算新比值与原比值之间的差值，$R_i' = R - R_i$，并将此过程应用于所有指标，得到每种指标相似比的差值。最终，通过归一化每个指标的相似比差值 $\text{IS}_i = R_i' / S$（其中 S 是所有指标 $\{R_1', R_2', \cdots, R_n'\}$ 间差值的标准差），计算每个指标 f_i 的重要性评分 IS_i。在该模型中，一个指标的重要性得分越高，则该指标对分类器越重要，越相关。因此，考虑到这些指标可以用来表示数据的变化（即网络资源的变化），可以选择得分较高的指标。值得注意的是，蜂窝网络中有成千上万的指标，要对它们的全部相关性进行评分可能需要花费大量的时间。为了减少搜索空间，使用领域知识预先选择一个候选指标列表，并且只在所选的候选指标列表中搜索，而不是所有的指标。

依据 3GPP TR 36.942，我们首先将 TCP 功率划分为 4 类，即 [0dBm,10dBm]、[10dBm,20dBm]、[20dBm,30dBm] 和 [30dBm,43dBm]，并为每类设置一个标签。利用随机森林分类器，对 1500 棵树进行训练，得到 TCP 功率的近邻矩阵，并得到重要性评分。归一化后，表 6.1 显示了与 TCP 功率高度相关的前 11 个流量指标。

在表 6.1 中，所选的流量指标大致分为 3 类，移动性指标分别是相应的 eNodeB 内/间切换入向和出向。

表 6.1　所选流量指标

流量指标分类	流量指标	重要性评分
用户平面指标	DL.Cell.PRB.Used.Average	0.8735
	DL.Cell.Simultaneous.Users.Average	0.8454
	DL.Cell.PDCP.Throughput	0.8253
	Cell.RRC.Connected.Users.Average	0.8192
信令平面指标	Cell.RRC.Connection.Req	0.7960
	Cell.eRAB.Setup.Req	0.7807
	Cell.Paging.UUInterface.Number	0.7402
	Cell.PDCCH.OFDM.Symbol.Number	0.7396
	Cell.PDCCH.OFDM.CCE.Number	0.7308
移动性指标	Cell.Intra+IntereNB.Handover.Out	0.6377
	Cell.Intra+IntereNB.Handover.In	0.6169

实际上，这 3 类指标都是大量消耗无线资源的主要因素，因此我们所选择的指标及其相应的类别都在我们预期范围之内。同样，我们使用 PMFS 根据所选择的流量指标来选择 APP 行为指标。表 6.2 列出了几个影响流量指标的重要 APP 指标。

表 6.2　所选 APP 行为指标

APP 行为指标	重要性评分
DL.TrafficVolumn.Bytes.PerApp	0.8690
DL.MeanHoldingTime.PerSession.PerApp	0.8529
Sessions.PerUser.PerApp	0.8181
ActiveSessions.PerApp	0.8116
Registered.Users.PerApp	0.8012
DL.ActiveUsers.PerApp	0.7921
Throughput.PerSession.PerApp	0.7408
DL.PacketCall.Frequency.PerApp	0.7134
UL.ActiveUsers.PerApp	0.7103
DL.Bytes.PerPacketCall.PerApp	0.6945
DL.Packets.PerPacketCall.PerApp	0.6733
PacketFreq.PerPacketCall.PerApp	0.6402
DL.PacketCalls.PerSession.PerApp	0.6307

6.3.2　LOESS 方法

基于滑动窗口的局部加权回归散点平滑法（SW-LOESS），在回归中动态计算合适的滑动窗口大小来改善 LOESS。我们将所选择的指标作为特征，将每个特征的值打包到不同的容器中，并根据每个容器的分布动态调整每个局部集的窗口大小。实际上，这样的容器可以由领域专家根据他们的经验进行配置。在容器配置完成后，给定一个具有 n 个点和 k 个容器的特征，每个特征的等价长度为 $L=n/k$，我们将初始窗口大小设为 $n/100$，并按升序绘制其所有测量值的散点图。设 $f(x)$ 为散射图函数。首先，对于每个容器 bin_j，通过对在其范围内散点 / 散射图函数的值积分来计算它的分布密度，如下所示。

$$F_j = \int_{f^{-1}(L \cdot j)}^{f^{-1}(L \cdot j + L)} f(x)\mathrm{d}x \quad (j = 0, \cdots, k-1) \tag{6.2}$$

$F=\{F_0, F_2, \cdots, F_{k-1}\}$ 按升序排序，$BF_{\min}$ 表示 F 中有最小值的容器，BF_{med} 表示 F 中有中值的容器，BF_{med} 表示 F 中有最大值的容器，我们通过对结果排序来动态地计算窗口大小：

$$\mathrm{win\_size} = \begin{cases} \dfrac{0.5(1+1/i) \cdot B}{100} \cdot N & B = 0, \cdots, i \\[3mm] \dfrac{1+(B-i)}{100} \cdot N & B = i+1, i+2, \cdots, k \end{cases} \tag{6.3}$$

利用动态计算的窗口大小对两层中每个层所选定的特征进行 LOESS 回归。经过回归，获得了两层映射，利用移动 APP 行为指标对网络流量进行建模，并进一步利用网络流量对网络资源进行建模。

6.3.3　基于时间序列的网络资源使用预测

在本节中，我们利用预测模型设计一种时间挖掘算法来预测未来的 APP 行为，该算法可以用来预测未来的网络资源使用情况。在 AppWiR 系统中，应用特性指标是来自移动用户的众包 APP，在每个蜂窝小区中取平均值。对于一个行为指标，它在给定的时间区间内的时间序列可直接测量，是趋势、季节性变化、突变、随机波动甚至噪声等各种特征的混合。为了清楚地理解每个指标是如何随时间变化的，我们设计了一种算法，将测量得到的时间序列分解为 4 个分量：趋势项 $T(t)$、周期项 $S(t)$、突变项 $B(t)$ 和

随机噪声项 $R(t)$ 。

　　$T(t)$ 表示 APP 行为的长期变化，如用户行为、资费计划或用户数量，并以较大的粒度（如每周）反映变化；$S(t)$ 表示周期性的变化，如每天应用流量的重复变化（忙时／非忙时）；$B(t)$ 表示由外界已知因素或未知因素引起的正常趋势的显著变化；$R(t)$ 包含不可预测的波动和测量噪声。提取各个分量后，对提取出来的分量进行预测，并将所预测分量相加，形成最终的预测结果。

6.4　实现和试验

6.4.1　数据收集与研究

　　AppWiR 试验在一家领先运营商的 LTE 网络中进行，在不同的网络条件下，测试 AppWiR 系统的准确性、可靠性和可预测性，评估系统对识别与无线资源最相关的 APP 行为的诊断能力。

　　首先部署 AppWiR 以从移动用户收集数据，并建立两层映射模型。这一过程从 2014 年 1 ～ 2 月，持续两个月。50 部 Android 4.2 以上操作系统的智能手机下载了 AppWiR APP，手机所安装的操作系统兼容所有主要 APP，如 Facebook、YouTube、WeChat、WhatsApp、GoogleMap 等。AppWiR APP 记录所有需要的 APP 行为指标，生成测试日志并定期将其上传到数据中心。为了确保所收集的 APP 行为数据与网络使用数据一致，我们部署了 4 个相邻的测试蜂窝小区，它们的 IMEI 列表配置只允许这 50 台智能手机访问测试蜂窝小区。其他想要访问或切换到测试蜂窝小区的设备都将被拦截。这样，确保了通过 50 台智能手机生成的 APP 数据完全同步，与测试蜂窝小区中生成的流量统计日志保持一致。

　　为了评估训练后的模型，我们使用 DPI 来收集 APP 行为数据，并测试模型的分析和预测精度，这一过程持续了 7 个月，从 2014 年 2 ～ 7 月。这比第一步时间长，是为了获得数据的时间趋势和周期性。在此步骤中，为了在常规蜂窝小区中测试模型，我们不使用测试蜂窝小区。相反，每周用 30 分钟来让 DPI 在常规蜂窝小区内收集数据。测量得到的 DPI 数据由各种不同 APP 的行为指标组成，与流量统计日志的粒度一致。选择下行蜂窝小区传输功率（TCP 功率）作为感兴趣的网络资源指标，因为它是支持网络主要功能的最关键资源。试验将分析移动 APP 是如何消耗 TCP 功率的。

在试验过程中收集了两种数据集，第一种数据集是众包 APP 的应用日志，以及来自测试蜂窝小区的相应流量和资源使用统计数据；第二种数据集是 DPI 日志。总的来说，我们对网络进行了长达 207 个忙时的深入检查并收集数据，排除由日志不完整或解析失败造成的 10 小时数据，得到了 197 个有效的忙时测量值，并将这些测量值用于测试所设计的模型和验证预测算法。

6.4.2　结果和准确度

用整个数据集的 80% 作为训练集，其余的 20% 作为评估的测试集。将 AppWiR 模型计算的指标值与真实测量值进行比较，并通过公式（6.4）的平均绝对百分比误差（MAPE）计算模型的误差。

$$e = \frac{1}{n} \sum_{i=1}^{n} \left| \frac{S_i^{\text{measure}} - S_i^{\text{est}}}{S_i^{\text{measure}}} \right| \tag{6.4}$$

其中，S_i^{measure} 和 S_i^{est} 分别为与第 i 个 APP 对应的测量指标和估计指标。选定的 11 个流量指标的 MAPE 如图 6.3 所示。从图 6.3 可以清楚看出，除与移动性相关的指标外，所有流量指标的测试 MAPE 均小于 0.25，训练 MAPE 更低。移动性指标 MAPE 值较高是因为我们的模型使用 4 个测试蜂窝小区中的数据进行训练，而在许多分布广泛的常规蜂窝小区中使用 DPI 数据进行测试。测试蜂窝小区之间距离较近，不能像常规蜂窝小区那样捕捉到足够的移动行为，因此移动性相关指标的 MAPE 值高于其他指标。然而，由于移动性指标的重要性评分较低，小于 0.65（见表 6.1），因此 MAPE 对模型整体精度影响不大。

我们测试了数百个移动 APP，图 6.4 显示了主要 APP 的资源使用百分比（TCP 功率）。从图 6.4 中可以看到，HTTP/HTTPs（网页浏览 APP）在资源消耗方面排名第一，因为网页浏览始终是智能手机的首要用途。流媒体 APP（如 P2P、Netflix 和与视频文件相关的 APP）也会消耗大量资源。除了这两类应用之外，Facebook 和 WhatsApp 等信令流量大的 APP 由于用户数量庞大，也消耗了大量的功率资源。这种分析帮助运营商能够了解每个移动 APP 如何消耗无线网络资源，极大地帮助运营商对资源使用进行管理和定价。

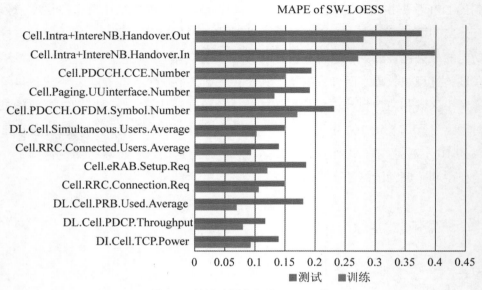

图 6.3　估计流量指标的 MAPE 值

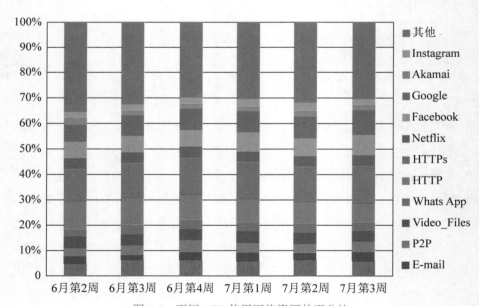

图 6.4　不同 APP 使用网络资源的百分比

　　我们将时间序列预测算法应用于 APP 行为指标的预测。图 6.5 显示了两个典型 APP 指标的预测结果：下行活跃用户和上行活跃用户。从图 6.5 中可以看出，两项指标的训练 MAPE 分别为 7.47% 和 8.93%，而预测（测试）MAPE 高达 12.54% 和 13.39%。训练集与预测集之间的 MAPE 差值约为 5%，说明该预测模型是可靠的，具有较强的鲁棒性。我们也将这种预测算法应用于其他 APP 指标，其训练 MAPE 在 7.47% 到 18.34%，而预测 MAPE 在 12.54% 到 25.78%。总体而言，大多数指标的预测 MAPE 低于 15%。最高的一个来自指标 DL.PacketCalls.PerSession.PerApp，是由不同采样时间蜂窝小区内的 APP 组合不稳定造成的。例如，在一个蜂窝小区中的一段时间内，其大部分流量来自 YouTube，而在那之后，所有流量都转向即时消息。APP 组合的如此剧烈的变化导致了该指标具有较大的方差，这使得很难捕捉到其长期趋势、中期季节性和短期尖峰。另外，这种观察结果也表明了该指标在 AppWiR 映射模型中的重要性评分最低的原因，如表 6.2 所示。

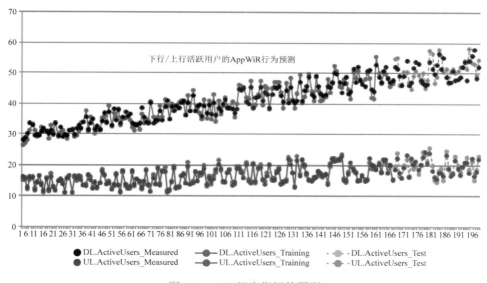

图 6.5　APP 行为指标的预测

参 考 文 献

[1] F. Qian, Z. Wang, A. Gerber, Z. Mao, S. Sen, and O. Spatscheck, (2011) "Profiling resource usage for mobile applications: a cross-layer approach," MobiSys.

[2] D. Narayanan, J. Flinn, and M. Satyanarayanan, (2000) "Using history to improve mobile application adaptation, " Workshop on Mobile Computing Systems and Applications.

[3] L. Ravindranath, J. Padhye, S. Agarwal, R. Mahajan, I. Obermiller, and S. Shayandeh, (2012)"Appinsight: Mobile app performance monitoring in the wild, " USENIX OSDI.

[4] Y. Xu, M. Lin, H. Lu, G. Cardone, N. Lane, Z. Chen, A. Campbell, and T. Choudhury, (2013) "Preference, context and communities: a multi-faceted approach to predicting smartphone app usage patterns, " Symposium on Wearable Computers.

[5] T. Ng and W. Yu, (2007) "Joint optimization of relay strategies and resource allocations in cooperative cellular networks, " Journal on Selected Areas in Communications, vol. 25, 2.

[6] C.-H. Yu, K. Doppler, C. Ribeiro, and O. Tirkkonen, (2011) "Resource sharing optimization for device-to-device communication underlaying cellular networks, " Wireless Communications, vol. 10, 8.

[7] K. Zheng, F. Hu, W. Wang, W. Xiang, and M. Dohler, (2012) "Radio resource allocation in lte-advanced cellular networks with m2m communications, " Communications Magazine, vol. 50, 7.

[8] W.-H. Park and S. Bahk, (2009) "Resource management policies for fixed relays in cellular networks, " Computer Communications, vol. 32, 4, Pages 703-711.

[9] K. Doppler, S. Redana, M. Wdczak, P. Rost, and R. Wichman, (2009) "Dynamic resource assignment and cooperative relaying in cellular networks: concept and performance assessment, " Journal on Wireless Communications and Networking, vol. 2009, no. 24.

[10] Abdelhadi and C. Clancy, (2014) "Context-aware resource allocation in cellular networks, " in arXiv:1406.1910 [cs.NI].

[11] H. Shajaiah, A. Abdelhadi, and C. Clancy, (2014) "Multi-application resource allocation with users discrimination in cellular networks, " in arXiv:1406.1818 [cs.NI].

[12] D. Fooladivanda and C. Rosenberg, (2013) "Joint resource allocation and user association for heterogeneous wireless cellular networks, " Wireless Communications, vol. 12, 1.

[13] Q. Ye, B. Rong, Y. Chen, M. Al-Shalash, C. Caramanis, and J. G. Andrews, (2013) "User association for load balancing in heterogeneous cellular networks, " Wireless Communications, vol. 12, 6.

第 7 章

电信数据的异常检测

本章介绍电信网络中检测因技术设备问题或欺诈性入侵引起异常的相关技术。异常检测技术从网络原始数据中提取信息，并利用机器学习算法在异常发生时向网络管理员告警。

由于在电信网络中收集的数据包含不同特征值和时间戳，可以对这些数据进行建模和处理，使用机器学习中的无监督算法来寻找和检测异常。算法利用未标记的数据，并假设这些数据元素异常值的信息是未知的。该算法不直接检测异常，而是分离和区分数据结构和模式，以便对从中推断出"异常区域"的数据进行分组。时间戳通常在生成数据时收集，但并未在经典异常检测过程中广泛使用。通过在评估模型中添加时间戳属性，可以发现周期性行为。

在本章中，我们介绍了一种用于检测异常的无监督模型，专注于结合特征值和日期（时间戳）的算法，为此我们引入两个新模型。

7.1 模　　型

无监督模型用于检测电信网络中的异常。具体来说，它侧重于结合特征值和日期（时间戳）的算法，为此引入两个新模型。第一个是时间依赖的高斯混合模型（Time-GMM），它是 GMM[1] 的时间相关扩展，通过独立地考虑每个时间周期来工作。第二个是高斯概率潜在语义分析（Gaussian Probabilistic Latent Semantic Analysis，GPLSA），源自概率潜在语义分析（Probabilistic Latent Semantic Analysis，PLSA）[2]，它将特征值和日期处理结合在一起，形成独特的机器学习算法。后一种算法在文本挖掘和推荐系统领域中是众所周知的，但很少用于其他领域，如异常检测。

在本章中，这两个算法用 R 语言[3] 实现。这些算法的能力经过测试验证，可以发现异常并适应样本和流量数据的新模式。本章介绍了 5 种异常检测模型：高斯模型、时间依赖的高斯模型、GMM 模型、时间依赖的 GMM 模型和 GPLSA 模型。我们定义了以下符号并用于上述所有模型。

W 是一个流量数据集，该数据集包含 N 个索引为 i 的值。N 通常很大，从一千到一亿。每个值是 R^p 的向量，其中 p 是特征的数量。此外，假设每个特征是连续的。D 是类的时间戳集，该集合也包含 N 个值。由于我们认为其以 1 天为周期，每个值 d_i 对应于一天中的每个小时，因此在集合 $\{1,\cdots,24\}$ 中取值。$X=(W,D)$ 是观测数据。对于聚类方法，假设每个值与一个名为 Z 的固定簇（聚类）相关。它是一个"潜在"集，因为它最初是未知的，聚类的数量 K 是已知的。

对于每个模型，目标是估计具有最大似然的参数。当直接计算难以处理时，使用 EM 算法来找到似然的局部最优值。我们加入了通常的独立性假设，这是计算产品在集合上的似然值所需的。三元组 (W_i, Z_i, D_i) 是行 i 上的独立向量。注意，如果模型不考虑 D 或 Z，则该集合将被剔除。

7.1.1 高斯模型

在高斯模型中，假设整个数据集来自遵循高斯分布的变量。因此，当天的每个部分都有类似的行为，没有聚类。每个变量 W_i 都遵循均值为 m、方差为 $\sum$ 的高斯分布。这里，m 是 p 维向量，$\sum$ 是大小为 p 的方差 - 协方差矩阵，它们都独立于 I，通过经验均值和方差可以很容易地估计参数。

7.1.2 时间依赖的高斯模型

该模型与高斯模型不同的是，它添加了时间分量，而高斯模型不包括时间分量。对每天的每个时间点独立考虑，遵循特定的高斯分布，这使得我们能够将时间依赖纳入考虑因素。对于 $\{1,\cdots,24\}$ 中的每个 s，每个条件变量 W_i 使得 $D_i=s$ 遵循具有均值和方差为

m^s、$\sum^s$ 的高斯分布。至于高斯模型，其模型参数对每类日期都使用经验均值和方差来估计。

7.1.3　高斯混合模型（GMM）

与高斯模型相比，在 GMM 中，假设数据来自高斯分布的混合而不是单个高斯分布，簇（聚类）K 的数量是预先固定的。在该模型中，每个记录属于聚类 $Z_i=k$ 的概率为 a_k，k 在 $\{1,\cdots,K\}$ 中取值。每个变量（$W_i|Z_i=k$）遵循具有均值和方差为 m_k、$\sum_k$ 的高斯分布。在此模型中，每个记录都属于一个未知的簇。该模型任务是估计每个簇的概率和每个高斯分布的参数。要解决此问题，我们进行以下分解：

$$p(w_i) = \sum_k p(W_i \mid Z_i = k) p(Z_i = k) \tag{7.1}$$

可以使用 EM 算法连续更新参数。

7.1.4　时间依赖的高斯混合模型

时间依赖的 GMM 模型具有聚类和时间依赖性。EM 算法用于估计参数。对于 $\{1,\cdots,24\}$ 中的每个 s，每个记录使得 $D_i=s$ 属于一个簇 $Z_i=k$，$\{1,\cdots,K\}$ 的概率为 $a_{k,s}$。对于 $\{1,\cdots,24\}$ 中的每个 s，每个变量（$W_i|Z_i=k$）使得 $D_i=s$ 遵循均值和方差为 m_k^s、$\sum_k^s$ 的高斯分布。

7.1.5　高斯概率潜在语义模型（GPLSA）

GPLSA 模型基于经典 GMM，但引入了一种数据值和时间戳之间的新连接方式。在时间依赖的 GMM 中，不同类别的日期被认为是彼此独立的，而 GPLSA 引入了潜在聚类和时间戳之间的依赖性，但仅限于这两个变量内。也就是说，在已知潜在的簇 Z 时，假设不存在更多的时间依赖性，这一假设使问题在计算上易于处理。显然，会发生以下情况：

对于 $\{1,\cdots,24\}$ 中的每个 s，使得 $D_i=s$ 属于簇 $Z_i=k$ 的概率为 $a_{k,s}$。每个变量（$W_i|Z_i=k$）

遵循均值和方差为 m_k、$\sum_k$ 的高斯分布。对于所有 i，$P(W_i|D_i, Z_i) = P(W_i|Z_i)$。要解决此问题，完成以下分解：

$$p(W_i \mid D_i = s) = \sum_k p(W_i \mid Z_i = k) p(Z_i = k \mid D_i = s) \tag{7.2}$$

在这种情况下，可以调整 EM 算法以迭代地增大似然值和对参数进行估计，以便获得精确的更新公式。它让 $(\cdot \mid m, \sum)$ 等于具有参数 m 和 $\sum$ 的高斯密度。此外，E_s 被定义为索引 i 的集合，其中 $d_i = s$。以下算法描述了获取最终参数的步骤。

步骤 1：在时间 $t=1$ 时，对于 k、s 初始化参数 $m_k^{(t-1)}$、$\sum_k^{(t-1)}$ 和 $a_{k,s}^{(t-1)}$。

步骤 2：对于所有的 k、i，在已知参数和 $W_i = \varpi_i$、$D_i = d_i$ 的情况下计算 $Z_i = k$ 的概率。

$$T_{k,i}^{(t)} = \frac{f\left(\omega_i \mid m_k^{(t-1)}, \sum_k^{(t-1)}\right) a_{k,d_i}^{(t-1)}}{\sum_{l=1}^{k} f\left(\omega_i \mid m_l^{(t-1)}, \sum_l^{(t-1)}\right) a_{l,d_i}^{(t-1)}} \tag{7.3}$$

步骤 3：对于所有的 K、s，计算结果如下。

$$s_{k,s}^{(t)} = \sum_{j=1}^{\#E_s} T_{k,E_s(j)}^{(t)}$$

步骤 4：对于所有的 k、s，利用下式更新 $a_{k,s}$。

$$a_{k,s}^{(t)} = \frac{s_{k,s}^{(t)}}{\sum_{l=1}^{k} s_{l,s}^{(t)}}$$

步骤 5：对于所有的 k，利用下式更新均值。

$$m_k^{(t)} = \frac{\sum_{i=1}^{k} w_i T_{k,s}^{(t)}}{\sum_{l=1}^{N} T_{k,i}^{(t)}}$$

步骤 6：对于所有的 k，用下式更新协方差矩阵。

$$\sum_k^{(t)} = \frac{\sum_{i=1}^{k} (\omega_i - \omega_k)' (\omega_i - \omega_k) T_{k,i}^{(t)}}{\sum_{l=1}^{N} T_{k,i}^{(t)}}$$

步骤 7：令 $t=t+1$ 并重复步骤 2 ～ 7，直到在时间 T 收敛，此时得到估计参数。

步骤 8：对于每一个 i，所选择的聚类是令 $T_{k,i}^{(T)}$ 最大化的 k。

步骤 9：对于每个 i，已估计参数的点的似然值为

$$p(d_i)\sum_{l=1}^{k}f\left(\omega_i\,|\,m_l^{(T)},\sum\nolimits_l^{(T)}\right)a_{l,d_i}^{(T)}$$

7.2　模　型　对　比

7.1 节中定义的所有 5 个模型都用 R 语言实现到一个框架中，该框架能够执行计算并显示聚类和异常识别图。本节构建了一个框架来比较检测异常的能力并检查该方法的鲁棒性。构建样本集是为了在一个简单易懂的背景中突出模型之间的行为差异，因此除了时间戳日期之外，仅考虑一个样本特征。在这个集合中，时间依赖 GMM 和 GPLSA 能够检测集合中的异常，这些方法是在时间依赖的背景中进行异常检测的潜在候选方法[4, 5～7]。此外，它表明 GPLSA 更健壮，对聚类的结果有更高的解释水平。

7.2.1　样本定义

通过叠加以下 3 个随机集来构建样本：

$$t \to \cos\left(\frac{2\pi t}{T}\right)+\varepsilon$$

$$t \to \cos\left(\pi+\frac{2\pi t}{T}\right)+\varepsilon$$

$$t \to -2.5+\varepsilon$$

其中，ε 对每个 t 是独立随机变量，t 按照在 [0，1] 区间上的连续均匀分布采样，T 是每天的周期。前两个函数的范围是 24 小时，而第三个函数仅在 0:00 ～ 15:00 定义。在该数据集上分别添加 3 个异常，在 6:00、12:00 和 18:00，其值分别为 -1.25、0.5 和 1.65。结果集如图 7.1 所示。

7.2.2 异常识别

我们对所有的 5 种模型进行训练，并计算每个模型中每个点的似然值。由于我们希望在此样本集中发现 3 个异常，因此将 3 个最低似然值定义为每个模型的异常。对于聚类过程，所选择的聚类数 $K=5$。结果如图 7.1 所示。 在图 7.1（a）中，整个数据集被建

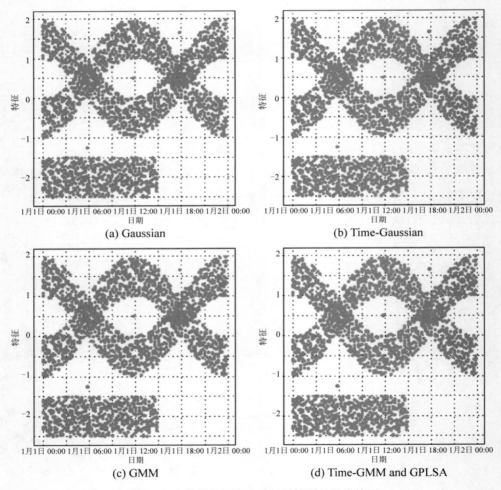

图 7.1　实验样品组中 5 种差异模型的异常检测

具有最低似然度的 3 个值以橙色突出显示。每种颜色代表不同的时间戳类（（a）和（c）只有 1 个类，（b）和（d）有 24 个类）

模为一个高斯分布，我们并没有发现预期的异常；在图（b）中，每个周期都是由高斯分布决定的，我们只在 18:00 发现了异常；在图（c）中，整个集合是聚类过的，我们在 6:00 才发现异常；最后，在图（d）中，训练时间依赖 GMM 模型和 GPLSA 模型，并获得相同的结果：3 个异常均被成功检测到。因此，时间依赖 GMM 模型和 GPLSA 模型都能够检测到预期的异常点，而其他模型不能。

7.2.3　时间依赖 GMM 与 GPLSA 的对比

使用时间依赖 GMM 和 GPLSA 可以检测到相同的异常，但是它们的检测方式不同。表 7.1 给出了二者比较的总结。

表 7-1　异常检测结果摘要

插入的异常	GMM	GPLSA
深灰色区域	NA	$66 \sim 71$
浅灰色区域（$w=6$）	NA	$62 \sim 66$

注：NA 表示 Not Available。

第一，GPLSA 立即评估时间戳和值，也就是说，所有参数都是同时估计的。因此，连续日期可具有类似的聚类行为。对于时间依赖 GMM，参数是针对每个日期类别独立训练的，并且不同类别的簇之间不存在关系。第二，每个类中的簇的数量对于 GPLSA 是软的（即对于某些类别的日期，它可以与指定的簇的数量不同）。这允许模型根据模型中需要的聚类来自动调整簇的数量。在时间依赖 GMM 中，每个类都有指定数量的簇。图 7.2 显示，前 7 小时被绘制在时间依赖 GMM（a）和 GPLSA（b）的识别簇中。第三，GPLSA 使用整个数据进行训练，而每次时间依赖 GMM 计算仅使用小部分数据。如果某类日期中的数据数量有限，则可能导致无法正确估计时间依赖 GMM 的参数。第四，估计所需的参数数量对 GPLSA 是（$D+2$）$\times K$，而对时间依赖 GMM 是（$3K-1$）$\times D$（具有 D 个类和 K 个簇，并且维度为 $p=1$）。因此，GPLSA 需要估算的参数较少。

总的来说，GPLSA 产生的聚类相对于时间依赖 GMM 有更好的解释水平（第一点和第二点），以及更高的鲁棒性（第三点和第四点）。

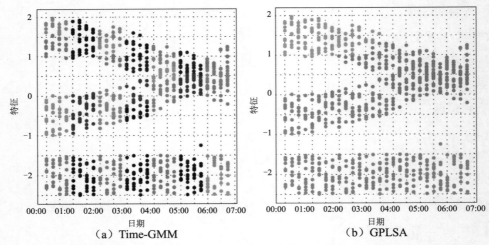

图 7.2　在 0:00 ~ 7:00 之间，在实验样本集中为两个模型识别出聚类

　　在（a）中，每个 1 小时的类包含 5 个聚类，并且聚类在各小时之间不相关。在（b）中，整个集合包含 5 个簇。

7.3　仿真与讨论

　　在本节中，我们对实际流量网络数据进行了异常检测。根据上述章节所做的模型比较，我们选择 GPLSA 来推断异常，并将结果与时间依赖 GMM 进行比较。

　　数据来自某运营商，这些数据包括 3000 个蜂窝小区收集的 24 个流量特征。这些特征仅与小区位置相关，不提供有关特定用户的信息。例如，它们表示蜂窝小区内的平均用户数或每小时最后 15 分钟的总数据流量。利用每个蜂窝小区每隔 15 分钟的一个取值，对算法进行了超过两周的训练。舍弃有缺省值的数据行。计算时仅考虑数据和时间戳，不考虑蜂窝小区的标识号。某些特征仅有非负值并且行为存在偏态行为，因此，某些特征通过取对数进行了预处理。我们期望 GPLSA 可以使用此数据集，即使模型的某些属性未经过验证，如正态假设。

　　GPLSA 模型用于对应"蜂窝小区内平均用户数"和所选簇数 $K=3$ 的特征。异常点是具有最低似然度的值，计算得到（平均）每天两次警报和 8 次警告。可视化结果如图 7.3 所示。在图 7.3（a）中，识别出 3 个簇；而在图 7.3（b）中，对于每个类别的日期使用不同的颜色；图 7.3（c）显示出了不同的对数似然值；最后，在图 7.3（d）中，绘制了已知 $D=s$，数据点在每个簇 k 中的概率 α_k 的估计。异常显示在图 7.3（a）、图 7.3（b）和图 7.3（c）中，并且正确地检测了与每类日期相关的极值。在图 7.3（a）和图 7.3（d）中，识别的簇以 3 种不同的颜色显示。在每个簇中的概率在不同类别中如预期的那样变化，在非高峰时间内上部簇的概率较低。另外，如图 7.3（a）所示，上部簇具有对称形状，并且各日期之间的平均值相对相似。

　　结果是通过时间依赖 GMM 获得的，使用相同的簇数 $K=3$，并且每天都有相同数量的警报和警告，结果如图 7.4 所示。在图 7.4（a）中，对每个 D 类（1～24）识别出 3 个簇；图 7.4（b）显示出了不同的对数似然值，据观察，时间依赖 GMM 正确检测到了大多数极值。每个类都与特定的似然函数相关，并且有自己的方式来表示数据。它表明对于所有类而言，与最高值相关的聚类的范围具有相似的宽度，图 7.4（a）所示。通过比较图 7.4（b）和图 7.3（c），观察到时间依赖 GMM 的较大"凸起"。基于这些原因，某些类别中的异常现象过多（例如，在前两天内检测到 3 个警告，其中 $D=8$），而其他类别则不包含此时间段的异常情况（$D=6$），这与 GPLSA 相反。这些结果表明 GPLSA 比时间依赖 GMM 具有更高水平的解释和更好的鲁棒性。

　　根据研究结果，GPLSA 能够在时间依赖的环境中检测异常，识别出全局离群值（如图 7.3（b）所示，在 4 月 15 日 16：00，红色点）及环境依赖的异常（例如，在 4 月 15 日 5：00，橙色点）。针对非高峰时段，GPLSA 检测出这些特定时段的异常值。GPLSA 的高斯假设并不是真正的约束。如图 7.3（a）所示，聚类是可适应的，并且试图拟合高斯分布。它们适用于表示每类日期和聚类的值分布。聚类的自适应如图 7.3（d）所示。这 3 个簇代表不同值的水平。上部簇表示更高的值，更可能在高峰期。较低的簇表示较低的值，概率大致恒定。中间的第三个簇对于获得良好的异常检测行为也很有用（簇数 $K=2$ 则无法正确检测异常）。关于异常检测本身，可以设置一个阈值用于表明检测的警报数量。这种检测方法是静态的，并且相对简单。通过似然计算改进这种检测方法是可能的和直接的：在蜂窝小区内部，可以通过重复出现的低似然分数来检测异常点。

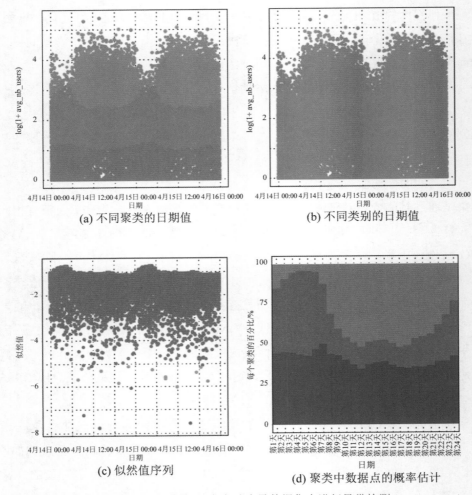

(a) 不同聚类的日期值　　　　　　(b) 不同类别的日期值

(c) 似然值序列　　　　　　(d) 聚类中数据点的概率估计

图 7.3　使用 GPLSA 在实验流量数据集中进行异常检测

（a）、（b）和（c）中的绘图限制为两天。计算得到（平均）每天两次警报和 8 次警告的最低似然值相关。

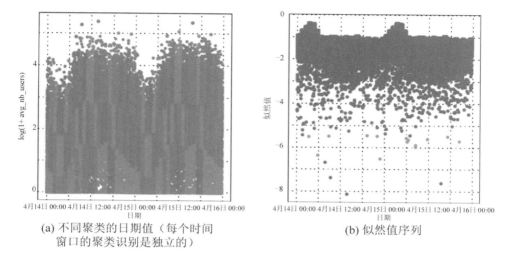

(a) 不同聚类的日期值（每个时间
窗口的聚类识别是独立的）

(b) 似然值序列

图 7.4　使用时间 GMM 从实验流量数据集中进行异常检测

（a）和（b）中的绘图限制为两天。最低似然值通过每天的两次警报和 8 次警告的均值计算得出。

参 考 文 献

[1] G. J. McLachlan and K. E. Basford, "Mixture models. Inference and applications to clustering, " in Statistics: Textbooks and Monographs, Dekker, New York, NY, USA, 1988.

[2] T. Hofmann, "Probabilistic latent semantic analysis, " in Proceedings of the 15th Conference on Uncertainty in Artificial Intelligence, Morgan Kaufmann, 1999.

[3] R Core Team, R: A Language and Environment for Statistical Computing, R Foundation for Statistical Computing, Vienna, Austria, 2016, https://www.R-project.org/.

[4] V. Chandola, A. Banerjee, and V. Kumar, "Anomaly detection: a survey, " ACM Computing Surveys, vol. 41, no. 3, article 15, 2009.

[5] P. Laskov, P. Dussel, C. Schafer, and K. Rieck, "Learning intrusion detection: supervised or unsupervised?" in Image Analysis and Processing—ICIAP 2005: 13th International Conference, Cagliari, Italy, September 6–8, 2005. Proceedings, vol. 3617 of Lecture Notes in Computer Science, pp. 50–57, Springer, Berlin, Germany, 2005.

[6] N. V. Chawla, N. Japkowicz, and A. Kotcz, "Editorial: special issue on learning from imbalanced data sets," ACM Sigkdd Explorations Newsletter, vol. 6, no. 1, pp. 1–6, 2004.

[7] C. Phua, D. Alahakoon, and V. Lee, "Minority report in fraud detection: classification of skewed data," ACM SIGKDD Explorations Newsletter, vol. 6, no. 1, pp. 50–59, 2004.

第 8 章
基于大数据分析的 LTE 网络自优化

本章主要研究移动通信网络中的自优化问题，主要介绍 SON（Self-Organizing Networks，自组织网络）技术。SON 是一种自动化技术，旨在使移动无线接入网络的规划、部署、操作、优化和修复更加简单和快速。随着网络复杂性的增加和对移动宽带需求的持续增加，对 SON 的需求从未如此巨大。在网络工程生命周期的所有阶段引入 SON，可以节省资本支出（CAPEX）和运营支出（OPEX），因此 SON 被认为是 LTE、未来 5G 网络和运营中必不可少的。

本章介绍了一个应用特征驱动系统 APP-SON，其设计目标是通过移动分析辅助的算法组合来实现 LTE 网络的自优化，同时讨论了 APP-SON 是如何在 LTE 网络中工作的。APP-SON 通过分析小区应用特征实现了对目标的优化目的。通过研究蜂窝小区级别的应用特征来聚类 4G LTE 蜂窝小区，APP-SON 提出了匈牙利算法辅助的聚类（Hungarian Algorithm Assisted Clustering，HAAC）算法和深度学习辅助的回归算法。

8.1 SON（自组织网络）

作为一种在包括网络规划、部署和运营的整个网络工程生命周期所有阶段的自动化技术，SON 不仅与网络相关，它也注重客户和体验质量（Quality of Experience，QoE）。由于技术和供应商网络管理被简化和精简化，运营商可以无约束地专注于提供卓越的用户体验。通过良好的部署，运营商能在少消耗资源和少接触用户的情况下，显著地提高服务性能，提升服务质量并增加可观的利润。

在功能上，SON 分为 3 个主要子功能组：网络工程生命周期部署阶段的自配置功能、运行阶段的自优化功能和规划阶段的自修复功能。根据 3GPP[1,3,11～13]，SON 可分为集中式 SON、分布式 SON 和混合式 SON。在集中式 SON 架构中，算法在网络管理层上执行，命令、请求和参数设置从网络管理层流向网元，而测量数据和报告则流向相反的方向。在分布式 SON 架构中，SON 算法在网络节点中运行，且节点之间相互直接交换 SON 相关消息。在混合式 SON 架构中，一部分 SON 算法运行在网络管理层，其余部分则运行在网元。混合式 SON 将集中式 SON 和分布式 SON 解决方案的优势相结合，既有集中式 SON 功能的协调能力，又有在网元层面对变化的快速响应能力。在文献中，关于 SON 的工作相当广泛。IST 项目 SOCRATES[2] 对 SON 的理解和发展做出了一些贡献。文献 [5,6] 研究了负载均衡和小区停运管理。4G Americas、下一代移动网络（Next Generation Mobile Networks，NGMN）和第三代合作伙伴计划（3rd Generation Partnership Project，3GPP）的报告文献 [7、8、10] 讨论了 SON 的最基本用例。文献 [4～9] 也讨论了许多未来面临的挑战。

在 SON 中，网络运营的趋势是逐渐从半手动化转向全自主的规划、部署和优化，如图 8.1 所示。半手动运营意味着 SON 功能的建议配置在实施之前首先由操作员批准。自主网络运营意味着跳过操作员批准。在规划阶段，采用集中覆盖和容量优化（Coverage and Capacity Optimizatian，CCO）及决策支持系统（Decision Suppport System，DSS）功能，在最小化驱动试验（Minimization of Drive Test，MDT）支持下，减少操作者在规划中的工作量。在部署阶段，自配置功能使运营商能够以即插即用的方式安装新节点，自动邻区关系（Automatic Neighbor Relation，ANR）减少了运营商配置和优化 LTE 邻区内部和 LTE 邻区之间的工作负担。此外，还避免了物理小区标识（Physical Cell ID，PCI）分配的工作。在运营阶段，分布式 SON 功能，如移动鲁棒性优化（Mobility Robustness Optimization，MRO）、移动负载平衡（Mobility Load Balancing，MLB）、节能，使得运营商能够对特定小区进行动态配置，这与在规划阶段只能进行基于基站的配置形成鲜明对照。

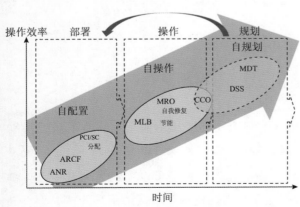

图 8.1　SON 特征的演变

8.2　APP-SON

3GPP[10~17]发起了 LTE 自优化和自组织能力标准化的工作，并同时定义了许多自配置、自优化和自修复的用例。SON 供应商声称，他们的产品可以支持所有 SON 功能。然而，运营商需要部署网络中立 SON 方案和供应商中立 SON 解决方案。运营商对自配置、自优化和自修复有特定和客户化的需求，然而这些需求在供应商特定的 SON 解决方案中并没有得到充分支持。3GPP 在 SON 的自优化中详细说明了切换和随机接入的用例，但是还没有任何有针对性的解决方案来提高无线性能和如何进一步提高用户体验质量。3GPP 还没有提出任何可行的自规划方案，也还没有定义任何实用的算法来实现 SON。此外，在 3GPP SON 中还有更多的实际问题没有解决。例如，在每个蜂窝小区数千个性能指标中，如何选出最优化的 KPI 指标？每个蜂窝小区的流量特征和规律是什么？我们是否应该根据蜂窝小区的流量特性对蜂窝小区进行分析，以找到相应的、有针对性的性能指标，并以更高优先级对这些指标进行优化？在这些 KPI 优化后，用户体验质量会得到改善吗？以及如何调整工程参数来优化无线 KPI，并进一步提高用户体验质量？

为了解决这些挑战，我们设计了一个名为 APP-SON 的应用特征驱动系统，旨在通过一个无线分析辅助的算法组合来实现 LTE 网络中的自优化。APP-SON 通过分析小区应用特征来实现有针对性的优化。通过研究蜂窝小区级应用特征，我们提出了一种匈牙利算法辅助的聚类（HAAC）算法和深度学习辅助的回归算法对 4G LTE 小区进行聚类。将同一聚类中的小区的同类应用特征识别出来，以对每个聚类中的目标网络 KPI 进行优先级排序，从而达到最优的客户体验质量。在 APP-SON 中，在时序空间中也应用了增量学习方案。基于蜂窝小区的应用特征是每小时独立研究的，因为单个蜂窝小区的应用特征因小时而异。这样，APP-SON 通过深度学习神经网络按小时确立了蜂窝小区工程参数与目标网络 KPI 之间的因果关系。例如，对于视频流量占总流量 90% 以上的蜂窝小区，将优先选择和优化与视频流量相关的性能指标。最终，我们在 APP-SON 中开发了一个基于相似度的参数调整模型，用于每小时自动调整工程参数以优化目标网络 KPI，并进一步提高用户体验质量。网络性能和用户体验指标可以通过在某一特定小时为小区创建的模型的指导下调整工程参数从而得到即时优化。通过 APP-SON 系统，可以优化目标 KPI 和用户 QoE，或者将它们提升到以最佳水平接近目标（见图 8.2）。

图 8.2　APP-SON 的体系结构

8.3　APP-SON 架构

　　APP-SON 的实践目标是通过增量方式调整相应的工程参数来提高网络 KPI 和用户体验。样本数据按不同小时分组。在每个组中，根据应用程序的使用规律，蜂窝小区进一步聚类成不同的聚类。在聚类步骤中，可以用聚类标签对蜂窝小区进行标记。然而，在我们的实验中，所测量的 DPI 数据是从多天中收集的，这意味着一个蜂窝小区可能在不同天的同一小时被标记不同的标签。因此，需要将这些多个标签整合成一个单一标签，以便我们在将来针对同一小时实现一个相应的优化策略。

　　在 APP-SON 系统实现中有五个步骤，如图 8.3 和图 8.4 所示。第一步，根据收集的时间将数据分成 24 组。第二步，对于每个组，根据应用程序的使用规律，将所有数据（小区）分到不同的聚类中。第三步，为每个聚类创建回归模型，计算每个聚类的回归准确度，并确定最佳聚类数量。第四步，整合不同天的标记结果。在构建 APP-SON 系统之后，将为 LTE 网络中的每个蜂窝小区创建标签状态图。这样的状态图能够显示一个特定的小区在一个特定的小时内应该位于哪个聚类。在最后一步中，使用基于相似度的参数调整系统自动调整工程参数，以优化性能指标和用户体验质量。

INPUT:
Date records with *A* types of application and *B* performance
indicators for *C* cells in *D* days

OUTPUT:
L_{tc} diagram of labelling trend at clock t for c-th cell
$p_{j-1}, p_{j-2}, p_{j-3}, ..., p_{j-r}$: The value of tuning parameters

1: Split training data set to 24 groups of hourly data
2: for $t = 0{:}23$ **do**
3:　　**for** $k = 3{:}20$ **do**
　　　　　// Clustering
4:　　　　R_1 = Kmeans (k, application features)
5:　　　　R_2 = FCM (k, application features)
6:　　　　R_3 = GMM (k, application features)
7:　　　　R_4 = HClust (k, application features)
8:　　　　R_5 = GLARA (k, application features)
9:　　　　R_k = Ensemble Clustering($R_1 R_2 R_3 R_4 R_5$)
　　　　　//DNN based regression
10:　　　$A_{all,k}$ =0
11:　　　**for** $h = 1{:}k$
12:　　　　　$y_h = f(X_1, X_2, ..., X_n)$
13:　　　　　$SS_{E,h} = (y, \hat{y})$
14:　　　　　$SS_{T,h} = (y, \hat{y})$
15:　　　　　$R_h = 1 - (SS_E / SS_T)$
16:　　　　　$A_{all,k} = (R_h)*W_h + A_{all,k}$
17:　　　**end for**
18:　　**end for**
19:　　$K_t = k$ (when $A_{all,k}$ = MAX ($A_{all,3}, ... , A_{all,20}$))
20:　　**for** $c = 1{:}C$ **do**
21:　　　$L_{t,c}$: Ensemble Clustering(R_{Kt})
22:　　**end for**
　　//Similarity based parameter tuning
23:　　min_value = ∞
24:　　t=1
25:　　**for** $i = 1{:} K_t$ **do**
26:　　　　for $j = 1$: Number of data points in i-th cluster do
27:　　　　　**IF** ($I_{Target} = I_j$)
28:　　　　　　　Dif = MIN (min_value, 1-Similarity$_j(P_j, P_c)$)
　　　　　　　　//Calculated by using equation 2
29:　　　　　　　IF (Dif < min_value)
30:　　　　　　　　min_value = Dif
31:　　　　　　　　t = j
32:　　　　**end for**
33:　　　　$p_{j-1}, p_{j-2}, p_{j-3}, ..., p_{j-r}$
34:　　**end for**
35: end for

图 8.3　APP-SON 算法

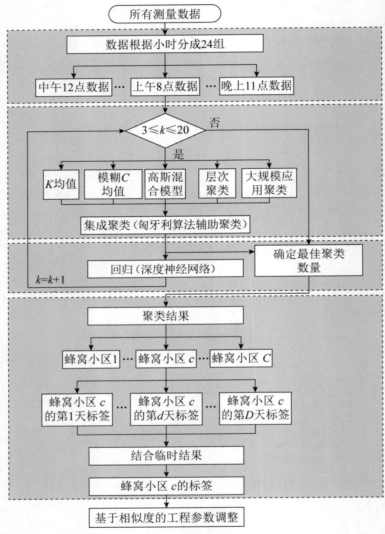

图 8.4　APP-SON 流程图

8.4　APP-SON 算法

在本节中，我们介绍在 APP-SON 中如何利用集成聚类算法对蜂窝小区进行聚类和标记、基于深度神经网络的回归方法和相似度的参数调整系统，我们还将深入探讨如何

实现基于反馈的方法来确定最佳聚类数目和利用组合优化算法来组合时间聚类结果（见表 8.1）

表 8.1　聚类特征

序　号	应 用 程 序
1	即时消息
2	阅读
3	微博
4	导航
5	视频
6	音乐
7	应用商店
8	游戏
9	在线支付
10	卡通
11	电子邮件
12	P2P 应用程序
13	网络电话应用程序
14	多媒体信息
15	浏览和下载
16	金融和经济学
17	反病毒
18	其他应用程序
19	无法辨认的应用程序

8.4.1　匈牙利算法辅助聚类（HAAC）

聚类是将一组对象进行分组，使得同一聚类中的对象比其他聚类中的对象彼此间更为相似。在 APP-SON 中，所有蜂窝小区在第一步之后应该根据它们的使用规律被聚类到不同的聚类中。在每个聚类中，蜂窝小区在使用方式上都应彼此类似。聚类算法可以根据其聚类模型进行分类，传统上，这些算法可以分为[18～21]基于连通性的聚类、基于质心的聚类、基于分布的聚类和基于密度的聚类。不存在客观正确的聚类算法，每个聚类算法都对数据模型存在隐式或显式的假设，当样本数据不满足这些假设时，可能产生错误或无意义的结果。聚类任务的探索本性要求有效的方法，这些方法受益于结合许多单个聚类算法的优点。因此，利用集成聚类方法将使用不同聚类方法生成的多个聚类结果组合在一起，或者利用不同的初始参数多次实现相同的聚类方法 [22～29] 是有意义的。在 APP-SON 系统中，相对使用基本的单一聚类方法，如 K 均值、模糊 C 均值、GMM 或层次聚类，我们使用了集成聚类方法进行聚类分析。特别地，采用匈牙利利算法作为集成方法，可以对同一数据上不同聚类方法产生的多个聚类结果进行重新标记。

我们首先通过参照方法 A 重新标记方法 B 中的标签的方式来组合方法 A 和方法 B 的结果。为了在这种情况下实现匈牙利利算法，我们应该创建这两个结果之间的连接。表 8.2 中的小区 1 在 A 和 B 中都用相同的标签"1"进行标记，因此标签"1"在两种方法中很可能是相同的聚类标签。在图 8.5（a）中，我们将表示方法 A 中的标签的左边的 1 连接到表示方法 B 中的标签的右边的 1。小区 2 与小区 1 相同，我们做同样的工作连接 A 中的 1 和 B 中的 1。使用相同的方法，小区 3 在方法 A 中标记为 1，在方法 B 中标记 2，因此左侧的 1 也应该连接到右侧的 2。在对所有节点实现相同的连接后，可以做出如图 8.5（a）所示的连接图，它显示了方法 A 和方法 B 生成的标签之间的关系。这些两边之间的连接只是潜在的连接。在图 8.5（a）中，左侧的每个节点连接到另一侧的许多节点。在实现匈牙利利算法之后，左侧的每个节点将只连接到右侧的一个节点。

表 8.2　3 种不同聚类结果

蜂 窝 小 区	方法 A 中的标签	方法 B 中的标签	方法 C 中的标签
蜂窝小区 1	1	1	4
蜂窝小区 2	1	1	4
蜂窝小区 3	1	2	3
蜂窝小区 4	2	2	3
蜂窝小区 5	2	3	3
蜂窝小区 6	3	1	2
蜂窝小区 7	3	2	2
蜂窝小区 8	4	3	1
蜂窝小区 9	4	4	1

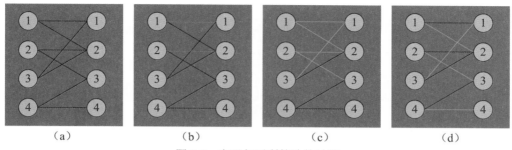

図 8.5　实现匈牙利算法的过程

通过执行匈牙利算法，左边的 1 可以连接到右边的 1，左边的 2 可以使用如图 8.5（b）所示的边缘连接到右边的 2，因为它们有潜在的连接。这样的边缘被认为是匹配的边缘，而剩余的边缘是不匹配的边缘（它们仍然是潜在的连接）。但是左侧的 3 不能连接到右侧的 1 或 2，因为右侧的两个节点之前都被左侧（红色边缘）的 1 和 2 占据。在这种情况下，应该在左侧从节点 3 创建增广路径。在匈牙利算法中，增广路径指的是一条连接两个未匹配顶点的路径，即已匹配和待匹配的边缘交替出现。在这种情况下，从左侧的节点 3，可以创建扩充路径为 L3 → R1 → L1 → R2 → L2 → R3，L3 表示左侧的节点 3，R1 表示右侧的节点 1。在创建了增广路径，即图 8.5（c）中的边缘之后，我们尝试找到匹配边缘及增广路径上的边缘。在图 8.5（c）中，很明显的是，边缘 L1—R1 和 L2—R2 是具有两种颜色的边缘。根据匈牙利算法，我们去掉这些具有两种颜色的边缘，然后得到左边和右边之间的连接。在图 8.5（d）中，L1 与 R2 连接，L2 与 R3 相连，L3 与 R1 连接。对于 L4，它可以与 R3 连接，但是 R3 被 L2 占用，因此它继续尝试其他潜在的连接，并且发现 R4 可以被连接。图 8.5（d）是匈牙利算法的结果，它表明右侧的标签 1 应该被看作左侧的标签 3，左侧的标签 2 应该被看作右侧的标签 1，右侧的标签 3 应该看作左侧的标签 2，右侧的标签 4 可以被看作左侧的标签 4。表 8.3 显示了使用匈牙利算法重新标记的结果，方法 B 中的 1 被重新标记为 3，方法 B 中的 2 被重新标记为 1，方法 B 中的 3 被重新标记为 2，方法 B 中的 4 仍然为 4，没有任何变化。使用匈牙利算法，方法 B 和方法 C 的聚类结果可以基于参考结果重新标记，在这种情况下，参考结果为 A。在对 3 个重新标记的结果进行表决之后，最终标记结果应该是表 8.3 中的右列，数据集中的每个小区都只用一个标签进行标记。

表 8.3　重新登记和投票

蜂窝小区	方法 A 中的标签	方法 B 中的标签	方法 C 中的标签	最终（投票）标签
蜂窝小区 1	1	3	1	1
蜂窝小区 2	1	3	1	1
蜂窝小区 3	1	1	2	1
蜂窝小区 4	2	1	2	2
蜂窝小区 5	2	2	2	2
蜂窝小区 6	3	3	3	3
蜂窝小区 7	3	1	3	3
蜂窝小区 8	4	2	4	4
蜂窝小区 9	4	4	4	4

8.4.2　单位回归辅助聚类数的确定

由于我们的目标是为每个聚类建立回归模型，因此聚类结果会影响回归的准确性。这意味着一个好的聚类算法可以把数据适当地聚类成不同的集群，因此回归模型可以具有更好的精度。在这种情况下，为了确定最优聚类数，使用回归精度作为评价标准来确定聚类数是非常有意义的。在 APP-SON 系统中，我们将集群数依次从 3 设置到 20，并计算每个集群的回归精度。具有最好回归精度的集群数量将被认为是最佳的集群数。回归精度 A_{all} 是所有聚类中回归精度的加权和，并按公式（8.1）计算如下：

$$A_{\mathrm{all}} = \max\left\{\sum_{i=1}^{k} A_{k,i} W_i, k \in [3, N]\right\} \tag{8.1}$$

其中，$A_{k,i}$ 是用 k 个聚类数的第 i 个聚类的回归精度；W_i 是权重，可以按样本在第 i 个聚类中所占的百分比计算；N 是在该方法中尝试的最大聚类数，在本实验中设置为 20。例如，如果 $A_{\mathrm{all}} = \sum_{i=1}^{5} A_{5i} W_i$，则 5 是最佳聚类数，这意味着使用 5 作为聚类数的回归精度的加权和是使用 3 ～ 20 个聚类数的所有情况中最大的。因此，5 是最佳的集群数。

8.4.3　基于 DNN 的回归

回归是估计变量之间关系的统计过程。当我们想找到特定因变量与一个或多个自变量或预测量之间的关系时，可用回归模型进行建模和分析。传统上，回归方法可分为线性回归和非线性回归[30～34]。线性回归涉及一个自变量和一个因变量的二维样本点。它寻找一个线性函数，并将因变量作为自变量的函数来预测。相反而言，非线性回归是另一种回归分析的形式，其中观测数据由函数建模，该函数是模型参数为一个或多个自变量组成的非线性组合，这些数据用逐次逼近的方法进行拟合。在 APP-SON 中，我们利用深度神经网络（Deep Neural Network，DNN）作为一种回归方式，得到工程参数和性能指标的关系。由于 DNN 包含多层神经网络，每层采用激活函数实现非线性回归的功能，并可使输入变量与输出变量之间的关系更加准确。

如图 8.6 所示，x 代表输入变量，它可以是从 DNN 的前一层向前传递的特性，并且将被传送到下一个隐藏层的每个节点。每个 x 将乘以相应的权重 w。这些乘积的和加到一个偏置变量 b 上，然后输入一个激活函数。激活函数，修正线性单元（ReLU）用于该系统，因为它不像 Sigmoid 激活函数那样在浅梯度上饱和。执行回归的神经网络层有一个输出节点，该节点将前一层的激励总和乘以 1。结果是所有输入 x 映射到的因变量 $\hat{y}$。为了进行反向传播并使网络学习，将 y 的基态真值与预测值 $\hat{y}$ 进行比较。调整网络的权值和偏差，直到 y 和 $\hat{y}$ 之间的差值最小化。深层神经网络在输入层和输出层之间具有多个隐藏的单元层，能够对复杂的非线性关系进行建模。如图 8.6 底部显示，额外的层能够组合来自较低层的特征。上一层的输出被认为是更抽象的特征，并被当作下一层的输入。

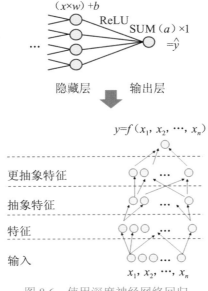

图 8.6　使用深度神经网络回归

8.4.4 每个小区在时序空间的标签组合

组合优化是从一组非常大的潜在解决方案中找到最优解的方案。传统上，组合优化算法有十分广泛的商业用途，例如，可以用来设计最佳的航空公司骨干网络、决定车队中的哪一辆出租车去接载乘客、确定运送包裹的最佳路线，或者在概念测试之前确定概念元素的正确属性。在集成聚类[23, 24]中，它通常用于组合不同聚类方法或同一方法不同参数产生的聚类结果。在 APP-SON 中，一个蜂窝小区每小时只应该用一个标签标记。受基于组合优化的集成聚类的启发，我们在 APP-SON 中利用组合优化算法来降低不同日期的时间数据的维度。

8.4.5 基于相似性的参数调整

在聚类之后，一个小区可以被划归到一个聚类并用一个标签标记。由于数据是多天收集的，一个小区可能被不同的标签标记多次。很难确定一个蜂窝小区应该用哪个标签标记。图 8.7 显示了由于小区每小时的应用程序使用情况不同，从而对小区 $1 \sim N$ 每一天每一小时都用不同的标签进行标记。实验数据是从 M 个不同日期收集的，导致 M 个不同的标记结果，如图 8.7 中的彩色板所示。可以通过实施匈牙利算法来组合这些色板上的每个列。每个蜂窝小区在每一小时的最终标记结果如图 8.7 最右边的彩色板所示。在标记每个小区之后，即可导出每个聚类的工程参数与性能指标之间的关系。如图 8.3 中的算法所示，一个聚类中存在 r 个工程参数和 N 个数据记录。性能指标的目标值是该算法的输入值。在所有的数据点中，那些性能指标值与目标值相同的数据点被选作候选数据点。在这些候选数据点中，与等待调优参数相似度最高的数据点被认为是工程参数调优的参考。相似性是通过使用公式 8.2 计算的：

$$Similarity_i = 1 - \sum_{n=1}^{r} \frac{|P_{i-n} - P_{c-n}|}{R_n} \tag{8.2}$$

其中，P_{i-n} 是该聚类中的第 i 个数据记录的第 n 个参数的值。P_{c-n} 是当前小区的第 n 个参数的值。R_n 是第 n 个参数的取值范围。

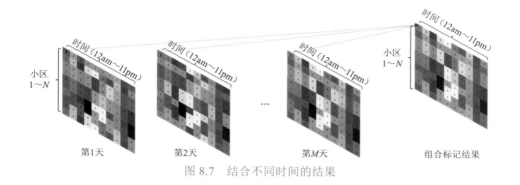

图 8.7　结合不同时间的结果

8.5　仿真与讨论

样本数据是自 2016 年 11 月 1 日至 12 月 31 日，在某一级无线运营商的 840 个小区采集的，包括城市和农村地区。数据集包括 60480 条按小时记录的数据，其内容如表 8.4 所列。60480 条数据记录首先按采集时间分为 24 组。每组有 2530 条数据记录，其中包括 840 个蜂窝小区在该小时中不同 3 天的信息。在仿真过程中利用 R 平方值作为基于 DNN 的回归算法的回归精度。图 8.8 显示了使用公式 8.1 在 4 组数据集（12：00、8：00、00：00 和 20：00）上计算的结果。集合聚类是在这 4 组数据上实现的，聚类数为 3 ～ 20。我们可以清晰地发现，在 12：00 收集的数据组中，最佳聚类数是 5；在 8：00 收集的数据组中，最佳聚类数是 9；在 00：00 收集的数据组中，最佳聚类数是 20，而在 20：00 收集的数据组中，最佳聚类数是 18。

在确定最佳聚类数量之后，将根据应用程序的使用规律对每个组中的数据进行聚类。在聚类分析显示了这个聚类的特征之后，每个组的蜂窝小区将用聚类标签标记。图 8.9 显示了 12：00 收集的一组数据的标记结果。通过前面的分析，我们知道这个组的最佳聚类数是 5。根据应用程序流量的比例，这 5 个聚类可以标记为"视频/其他/浏览和下载""视频/浏览和下载/其他/阅读""视频/其他/浏览和下载/即时消息""其他/视频"以及"其他/视频/浏览和下载"。在组合多天的不同标记结果之后，每个蜂窝小区每小时仅标记一个标签。由于流量的使用模式随着小时而变化，聚类和回归分析的过程从每个小时来看是独立的。图 8.10 显示了一个小区在一天中从 12：00 到 23：00 的聚类标签的变化，这表示该小区在一天内的应用程序行为变化。这就要求我们进一步找到每小时的目标 KPI 进行优化。对于一组中的每个聚类，DNN 被用于确定聚类的数量，还可以用于导出工程参数与性能指标之间的关系。然而，所有组回归的 R 平方值都很低，这意味着绝大多数数据点分布在远离拟合回归线的地方。因此，我们绘制了每对工程参数和性能指标的散点图（而非回归线），并分析了数据点的分布。

表 8.4 3 种不同聚类结果

类　型	数据内容	类　型	数据内容
单元属性	蜂窝小区 ID	应用流量（19）	即时消息
	区域		阅读
	位置类型（城市 / 乡村）		社交媒体
	用户数量		导航
	设备数量		视频
日期 / 时间	日期		音乐
	时间（上午 12 点至晚上 11 点）		应用商店
工程参数	方位角		游戏
	螺旋角		线上付款
	高度		动漫
	经度		电子邮件
	纬度		P2P 应用
	参考信号功率		VOIP 应用
	M-DownTilt		多媒体消息
	E-DownTilt		浏览和下载
	其他（30 个参数）		金融
网络性能指标（8 个应用程序相关 KPI）	TCP 成功连接率		杀毒软件
	HTTP 成功连接率		其他应用
	视频连接请求成功率		未定义 APP
	应用程序下载服务请求成功率	网络性能指标（4 个通用 KPI）	网络连接速率
	即时消息服务请求成功率		掉线率
	TCP 建立时延		RRC 连接率
	HTTP 会话等待时间		ERAB 连接率
	网页显示延迟		

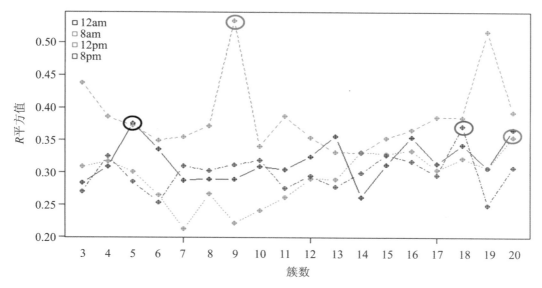

图 8.8　最佳聚类数

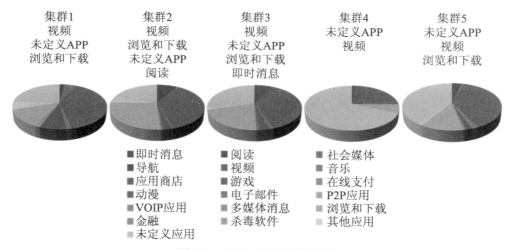

图 8.9　上午 12 点组聚类标记

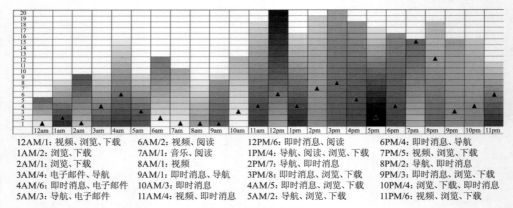

12AM/1: 视频、浏览、下载　　　6AM/2: 视频、阅读　　　　　12PM/6: 即时消息、阅读　　　　6PM/4: 即时消息、导航
1AM/2: 浏览、下载　　　　　　7AM/1: 音乐、阅读　　　　　1PM/4: 导航、阅读、浏览、下载　7PM/5: 视频、浏览、下载
2AM/1: 浏览、下载　　　　　　8AM/1: 视频　　　　　　　　2PM/7: 导航、即时消息　　　　8PM/2: 导航、即时消息
3AM/4: 电子邮件、导航　　　　9AM/1: 即时消息、导航　　　3PM/8: 即时消息、浏览、下载　9PM/3: 即时消息、浏览、下载
4AM/6: 即时消息、电子邮件　　10AM/3: 即时消息　　　　　4AM/5: 即时消息、浏览、下载　10PM/4: 浏览、下载、即时消息
5AM/3: 导航、电子邮件　　　　11AM/4: 视频、即时消息　　　5AM/2: 导航、浏览、下载　　　11PM/6: 视频、浏览、下载

图 8.10　每小时标签

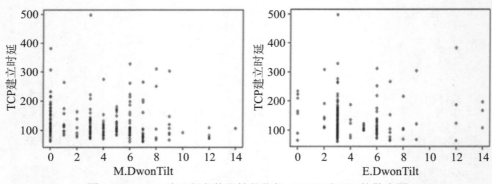

图 8.11　8：00 时工程参数和性能指标（TCP 时延）的散点图

　　在实验中，我们分别研究了两组数据，即 12：00 和 8：00，它们代表了低数据流量和高数据流量的两个不同小时。图 8.11 所示的散点图显示，数据点是不规则分布的，这意味着没有可调参数。相反，在图 8.12 中，具有高 TCP 建立延迟值的数据点仅在工程参数的特定范围内分散。例如，TCP 建立延迟值大于 1000 的数据点仅存在于 M.DownTilt 的 3～7 之间、E.DownTilt 的 3～6，这意味着可以通过设置 M. DownTilt 和 E.DownTilt 来减少 TCP 建立时延。实验结果是有意义的，因为数据流量在 12：00 非常低。即使蜂窝小区可以形成不同的聚类，这些聚类模式间也没有太多可分离性。12：00 组的工程参数与性能指标之间的关系没有正确地导出，这种情况在 8：00 组发生了变化。如图 8.12 所示，随着数据流量的增加，工程参数和性能指标之间的关系变得清晰可辨了。图 8.13 显示了 APP-SON 系统中的一个区域内的蜂窝小区标记结果。不同的颜色代表不同的聚类。对于每个聚类，制定了相应的参数调整策略，并强制执行自动优化。在这些策略的指导下，

可以及时调整未来几小时的网络性能和用户体验质量。

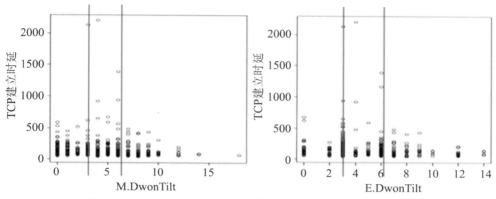

图 8.12 12:00 时工程参数和性能指标（TCP 时延）的散点图

图 8.13 蜂窝小区标记

APP-SON 利用可扩展的大数据平台，通过在时间、空间中以增量方式分析小区的应用特征进行目标优化。为分析每个小区的应用特征，针对每个小区的目标 KPI 进行优化，我们开发了匈牙利算法辅助聚类（HAAC）算法和深度学习辅助回归算法。我们还开发了一种基于相似度的参数调整算法，对相应的工程参数进行调整，以优化目标 KPI，这进一步提高了 QoE。实验结果表明，APP-SON 系统能够精确地分析小区流量和应用特征，为每个小区寻找目标 KPI 进行优化。APP-SON 还可以自动调整相应的工程参数，以提高相应的 KPI，最终提高 QoE。APP-SON 已经成功地在生产中实现，并应用于一级运营商的 4G 网络中。作为通用的 SON 解决方案，APP-SON 将平稳过渡并应用到该运营商的 5G 网络中。

参 考 文 献

[1] Hämäläinen, Seppo, Henning Sanneck, and Cinzia Sartori. LTE self-organising networks (SON): network management automation for operational efficiency. John Wiley & Sons, 2012.

[2] EU FP7 project SOCRATES homepage, http://www.fp7-socrates.org.

[3] M. Amirijoo, R. Litjens, K. Spaey et al., "Use cases, requirements and assessment criteria for future self-organising radio access networks," in Proceedings of the 3rd International Workshop on Self-Organizing Systems(IWSOS'08), pp. 10–12, Vienna, Austria, December 2008.

[4] L. C. Schmelz, J. L. van den Berg, R. Litjens et al., "Self-organisation in wireless networks— use cases and their interrelations," in Proceedings of the 22nd Wireless World Research Forum Meeting, Paris, France, May 2009.

[5] A. Lobinger, S. Stefanski, T. Jansen, and I. Balan, "Load balancing in downlink LTE self- optimizing networks," in Joint Workshop COST 2100 SWG 3.1 & FP7-ICT-SOCRATES, Athens, Greece, February 2010.

[6] M. Amirijoo, L. Jorguseski, T. Kürner et al., "Cell outage management in LTE networks," in Proceedings of the 6th International Symposium on Wireless Communication Systems (ISWCS'09), pp. 600–604, Siena, Italy, September 2009. View at Publisher · View at Google Scholar · View at Scopus.

[7] NGMN, "Use Cases related to Self Organising Network," Overall Description Release Date: May, 2007 http://www.ngmn.org/nc/downloads/techdownloads.html.

[8] 4G Americas, "Self-Optimizing Networks—The Benefits of SON in LTE," http://www. 4gamericas.org/, 2011.

[9] N. Marchetti, N. R. Prasad, J. Johansson, and T. Cai, "Self-organizing networks: state-of-the- art, challenges and perspectives," in Proceedings of the 8th International Conference on Communications (COMM'10), pp. 503–508, June 2010. View at Publisher · View at Google Scholar · View at Scopus.

[10] Feng, Sujuan, and Eiko Seidel. "Self-organizing networks (SON) in 3GPP long term evolution." Nomor Research GmbH, Munich, Germany (2008): 1–15.

[11] Peng, Mugen, et al. "Self-configuration and self-optimization in LTE-advanced heterogeneous networks." IEEE Communications Magazine 51.5 (2013): 36–45.

[12] Ramiro, Juan, and Khalid Hamied, eds. Self-organizing networks (SON): self-planning, self-optimization and self-healing for GSM, UMTS and LTE. John Wiley & Sons, 2011.

[13] L. Jorguseski, A. Pais, F. Gunnarsson, A. Centonza and C. Willcock, "Self-organizing networks in 3GPP: standardization and future trends," in IEEE Communications Magazine, vol. 52, no. 12, pp. 28–34, December 2014.

[14] Ouyang, Ye, et al. "A novel methodology of data analytics and modeling to evaluate LTE network performance." 2014 Wireless Telecommunications Symposium. IEEE, 2014.

[15] Clímaco, João, and José Craveirinha. "Multicriteria analysis in telecommunication network planning and design—problems and issues." Multiple Criteria Decision Analysis: State of the Art Surveys. Springer New York, 2005. 899–941.

[16] Ouyang, Ye, and Tan Yan. "Profiling Wireless Resource Usage for Mobile Apps via Crowdsourcing-Based Network Analytics." IEEE Internet of Things Journal 2.5 (2015): 391–398.

[17] Deb, Supratim, and Pantelis Monogioudis. "Learning-based uplink interference management in 4G LTE cellular systems." IEEE/ACM Transactions on Networking (TON) 23.2 (2015): 398–411.

[18] Carbonell, Jaime G., Ryszard S. Michalski, and Tom M. Mitchell. "An overview of machine learning." Machine learning. Springer Berlin Heidelberg, 1983. 3–23.

[19] Alnwaimi, Ghassan, et al. "Machine learning based knowledge acquisition on spectrum usage for lte femtocells." Vehicular Technology Conference (VTC Fall), 2013 I.E. 78th. IEEE, 2013.

[20] Rousseeuw, Peter J. "Silhouettes: a graphical aid to the interpretation and validation of cluster analysis." Journal of computational and applied mathematics 20 (1987): 53–65.

[21] Tibshirani, Robert, Guenther Walther, and Trevor Hastie. "Estimating the number of clusters in a data set via the gap statistic." Journal of the Royal Statistical Society: Series B (Statistical Methodology) 63.2 (2001): 411–423.

[22] Strehl, Alexander, and Joydeep Ghosh. "Cluster ensembles--knowledge reuse framework for combining multiple partitions." Journal of machine learning research 3.Dec (2002): 583–617.

[23] Topchy, Alexander, Anil K. Jain, and William Punch. "Clustering ensembles: Models of consensus and weak partitions." IEEE Transactions on pattern analysis and machine intelligence 27.12 (2005): 1866–1881.

[24] Meilă, Marina. "Comparing clustering: an axiomatic view." Proceedings of the 22nd international

conference on Machine learning. ACM, 2005.

[25] Amigó, Enrique, et al. "A comparison of extrinsic clustering evaluation metrics based on formal constraints." Information retrieval 12.4 (2009): 461–486.

[26] Jain, Anil K. "Data clustering: 50 years beyond K-means." Pattern recognition letters 31.8 (2010): 651–666.

[27] Bezdek, James C., Robert Ehrlich, and William Full. "FCM: The fuzzy c-means clustering algorithm." Computers & Geosciences 10.2–3 (1984): 191–203.

[28] Johnson, Stephen C. "Hierarchical clustering schemes." Psychometrika 32.3 (1967): 241–254.

[29] Ester, Martin, et al. "A density-based algorithm for discovering clusters in large spatial databases with noise." Kdd. Vol. 96. No. 34. 1996.

[30] Asai, H. Tanaka-S. Uegima-K. "Linear regression analysis with fuzzy model." IEEE Trans. Systems Man Cybern 12 (1982): 903–907.

[31] Duggleby, Ronald G. "Regression analysis of nonlinear Arrhenius plots: an empirical model and a computer program." Computers in biology and medicine 14.4 (1984): 447–455.

[32] BRKSPM-2005 – Cisco Self-Optimizing Network (SON) Architecture (2014 Milan).

[33] Ericsson automates optimization of mobile networks, PRESS RELEASE February 28, 2012.

[34] The Logical Rise of C-SON: Discover compelling reasons why vendor agnostic C-SON is critical in increasingly complex HetNets.

第9章
电信数据和市场营销

从本章开始，本书将重点介绍电信营销的应用和研究。电信数据至关重要，与统计和计量模型及机器学习工具相结合，能够对消费者行为进行深入洞察。有了对消费者更深刻的了解，运营商可以开展更有效的市场营销活动，更精准地锁定目标客户并提高销售业绩。在本章中，我们重点关注 4 个方面：客户识别、客户吸引、客户维系和客户拓展。通常的研究课题是准确预测客户流失率，为用户推荐最佳资费计划，以及为用户开发新的服务。其中，预防客户流失包括吸引客户和维系客户两个方面。

除了个人资料和历史行为数据之外，电信数据的另外两个特征对研究消费者行为很有价值：一个为通过运营商的话单记录推衍出的个人社交网络信息；另一个为信令数据所记录的个人位置信息。这两类信息极大地扩展了消费者行为的研究范围，让我们得以研究社交网络（或者说人际互动）中的个人行为，以及位置变动即个体的移动性。

随着电信产品（尤其是移动电话）的广泛使用，大量包括个人特征、行为及其社交网络的详细信息的电信数据使我们能够探索与网络和社交活动相关的消费者行为的新问题。人们通过手机连接世界，连接其他人，这为无线运营商们提供了研究消费者行为、社交网络及两者之间相互关系的绝佳机会。之前的市场营销研究关注于消费者特征及其与运营商互动的信息，例如他们选择的套餐计划和使用的服务等（如参考文献 [1,2,3,4]）。事实上，移动互联数据在个人层面上包含了广泛的关于人和人之间联系的时间序列信息，这些信息可以用于推衍出个人的社交网络。Eagle 等人 [5] 比较了手机数据和用户自己上报的调查数据，发现手机联系和社会交往这两组数据虽然彼此截然不同，但是"手机收集的数据可以用来准确地预测诸如友谊之类的认知结构"。

我们通过电信公司自动生成的话单记录构建出基于移动数据的社交网络。该话单记录包括电话呼叫或其他通信事务（如文本消息）的详细信息。其中包含通话的各种属性，如开始时间、持续时间、完成状态、源号码和目的号码等。目前已经有一些文献开始利用移动数据的社交网络信息进行研究。Onnela 等人[6] 研究了移动用户通信网络的本地和全局网络结构，并观察了连接强度与连接周边本地网络结构的相关性。Eagle 等人[7] 将电信数据与全国人口普查数据相结合，发现网络多样性与社会经济发展的相关性。基于欧洲的移动数据，Godinho de Matos 等人[8] 使用工具变量方法研究了社交网络对 iPhone 3G 推广使用的影响。接下来的章节提供了三项前沿研究，用以说明如何在消费者行为研究中使用移动联系人推衍出的社交网络数据，以及使用该信息可以解决哪些管理问题，它们是基于 Hu 等人[9,10,11] 的三篇论文。

除了社交网络研究之外，个人出行是行为研究的另一个新的前沿方向，该前沿研究的基础是获得大量个人位置移动的数据。Gonzalez 等人是最早在此领域开展研究[12] 的团队之一，他们研究了 10 万名匿名手机用户的轨迹，跟踪手机用户的位置长达 6 个月。结果表明，个体轨迹是非随机的，表现出高度的时空规律性。Song 等人[13] 证明了一小部分的时间分辨位置数据足以重建真实的个人移动模式。Palchykov 等人[14] 建立了基于聚合电话呼叫数据的模型，并对个人流动模式做出了良好的预测。与社交网络研究相比，对个体移动出行的研究尚处于早期阶段。在市场营销领域，迄今为止尚未发现关于这方面的研究。期待更多的专业研究人员来研究这个课题，公司需要这些信息来解决诸如位置选择和基于地理位置的精准营销等问题。

新的数据为新的研究提供了可能性，然而分析这些数据极具挑战性。消费者行为模型是基于营销和社会学的专业知识，利用收集到的数据研究个人—企业关系和个人—个人互动的模型。选定哪些模型和策略在很大程度上取决于所采集的数据的性质。我们感兴趣的是与个人环境、个体特征和社交关系相关的结构和变化，所以我们将从网络图形结构的角度总结社交互动和网络影响，研究如何将这些网络结构变量用于精准营销和具体的商业问题。

接下来几章将主要研究社交网络环境的个体行为。第 10 章将通过分析客户的转网行为来预测客户流失率，动态模型将社交学习和网络效应集成到一个单一模型中，这使得我们能够比较这两个组成部分的影响。第 11 章分析了消费者对一种新型手机的接纳（特指某个体或群体接受某个产品或者服务）行为，模型针对网络结构对个人接纳的影响进行了估计预测，并对局部和全局网络效应进行区分。第 12 章使用动态网络结构来测量并预测社交对新产品扩散过程的影响。

9.1　电信营销专题

在客户关系管理中，主要关注四个方面：客户识别、客户吸引、客户维系和客户拓展。在电信营销的帮助下，运营商可以更好地区分客户，更有效地将资源导向利润最高的客户群。客户识别帮助定位最有可能成为客户的个人，或最有可能盈利的客户。在识别出潜在客户之后，客户吸引聚焦于瞄准特定客户进行细分。客户维系是客户关系管理的一个重要部分，特别是在饱和市场，目的是通过提供满足客户期望的产品和服务来留住客户。最后，客户拓展将进一步提高这些客户的价值。

在分析电信营销中的客户行为时，个人社交网络是能够利用的重要信息。将这些信息纳入适当的模型，可以使我们检查更深层的假设，并提高结果的可信度。与前面章节使用的关系数据库不同，新的算法应该考虑社交网络图形拓扑结构的影响。在第 10 章提出的第一项研究中，我们建立了一个动态模型来研究客户流失（从某运营商转网到其他运营商）。该模型结合考虑了网络效应和来自同伴的社交学习，从而更好地解释了客户离开现有运营商背后的行为机制。本章还介绍了从大型连通图中对网络进行滚雪球式采样和聚类识别的方法，讨论了针对网络拓扑结构探索的策略。

一般来说，按照客户是"后顾"还是"前瞻"客户，有两种机制可以解释客户如何受到其社交网络中其他同伴的影响。首先，"后顾"人群采纳同伴的反馈来更新他们自己对产品质量的期望[15]。这通常被我们称为社交学习。社交学习又细分为两种情况：①口碑传播[16]，即同伴间直接交换信息；②观察学习[17, 18]，即观察他人的行为从而推测他们的同伴可能有本人不具备的先验信息，从而针对行为进行学习。口碑传播[19, 20]和观察学习[21, 22]被认为是驱动社交学习的两种机制。

促使客户因为同伴改变其行为的第二种情况是当客户"前瞻"时其行为改变能从网络中直接获益而产生的网络效应。也就是说，在某些情况下，如果通过调整使自己的行为与他人的行为一致可直接获利的话，那么人们有可能跟随他人，改变自己的行为，这被称为网络效应。网络效应指通过网络外部性的特定形式，使得伙伴们的行为直接影响个人的偏好[23]。网络效应不同于社交学习效应或信息效应，因为他人行为可以直接影响个人的收益，而不是通过同伴影响改变自己的认知。

目前仅有少量文献把社交学习和网络效应放在一起进行研究。Goolsbee 和 Klenow[24] 最早研究发现，如果某人的许多朋友拥有了个人计算机，那么此人有非常大的可能购买他的第一台个人计算机，这说明个体容易受到社交网络外部性及朋友的影响。Moretti[15] 基于电影票房数据，评估了在影片产品质量事先未知的情况下，社交学习效应对消费者选择的重要性。他的文章指出，社交学习是同伴之间直接交流或相互观察购买的结果。

社交影响会影响新产品的传播，这是第 11 章和第 12 章的重点，第 11 章提出了一个新的基于社交网络的精准营销策略，第 12 章针对社交影响的性质做了深入研究。

个体通过彼此接触相互影响各自的行为，而社交网络高度概括了这种社交互动模式的本质，因此社交网络结构本身影响了用户的行为，而我们可以用它作为额外的重要信息来预测个体的未来行为。本课题的研究内容在第 11 章中介绍。图 9.1 显示了在使用电信数据提取的两个网络中的新产品接纳模式。点表示个人，线代表每个点之间的连接。图形代表了两个社交网络，它们在同一个城市具有相同的规模（大约 200 个人），唯一的区别在于它们的网络结构。使用相同的网络图形算法，一个网络看起来像一个紧致的"线团"，而另一个网络具有"辐射形"的外观。在同一时间段，在线团模式中有 24 个人接纳了新产品，而在"辐射形"模式中只有 10 个人接纳了新产品。我们该如何解释观察到的行为差异？其中一个重要因素是社交网络结构。社交网络结构一般通过 3 个独立的渠道影响个体的接纳行为：第一，通过社交网络内个体自身特征和位置产生的效应；第二，通过环境等全局社交网络结构（相关效应）；第三，通过同伴影响（内生效应）。移动数据包含个人层面的广泛信息，这些信息不仅与行为有关，而且与社交网络有关，结合这两种类型的信息的数据集为开发新模型和生成新工具提供了机会，从而改变产业的常规实践。最终，我们提出了一种新的目标选择策略，即**基于社交网络的精准营销**。

在第 12 章中，我们将重点缩小到社交网络中观察到的一个特定效应，即社交影响（或同伴效应）。由于社交影响产生的乘数效应促进了产品传播过程，社交影响得到了广泛的研究。社交影响表达了当同龄人中的许多人表现出某种行为时，个体在采取与同龄人相似的行为时的从众动机。特别是当众多同伴都表现出了此行为时，个体更趋向于改变[25]。社交网络可能表现出从众性，也可能不表现出从众性，可能具有"正"从众性或"负"从众性，这都取决于个体在该网络中的人际互动。理论上，人脉广的个人更倾向于受到

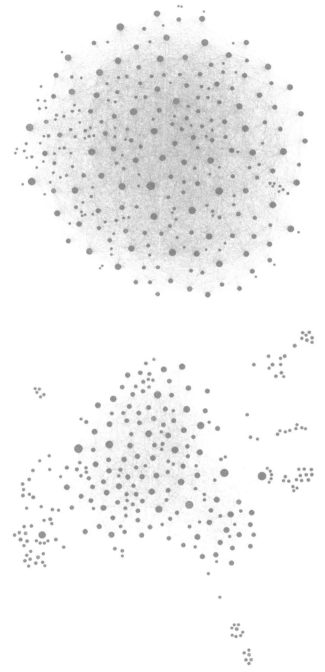

图 9.1 社交网络结构和三星 Note Ⅱ的采用

朋友的影响。密集型社交网络有更大的机会施加社交影响，传播行为效果更强。

目前来看，很少有文献利用社交网络信息研究移动数据。除本书研究外，Onnela 等人[6] 研究了局部和全局社交网络的结构，并观察了人们之间的联系强度和局部社交网络结构的相关性。Eagle 等人[7] 通过结合电信数据与人口普查数据，发现了网络多样性与社会经济发展之间的联系。Godinho de Matos 等人[8] 使用工具变量法，利用欧洲的移动数据研究了社交对 iPhone 3G 传播的影响。总之，社交网络信息使研究人员能够从网络的角度研究消费者的行为和选择。这是一个在未来很有前途的领域，有很大的潜力能推动人们对市场和商业的认知。

9.2 社交网络的总体构建

9.2.1 数据采集和数据类型

建立模型之前的初始阶段是选择、收集、清理和管理数据。一般来说，对数据的获取并不是无限制的，产生或获得数据可能代价高昂。某些约束和限制是不可避免的。例如，数据通常受限于空间、时间和范围。因此，人们选择采集什么类型的数据是十分重要的。此外，数据可能采自不同数据源，这就要求这些数据便于整合。最后，数据的准备包括提取数据的相关部分，以便有效地分析。

通常情况下，获得感兴趣的全部数据是不可能的，所收集的数据总是有限的。例如，在电信营销问题中，通常只能获得某一个运营商或某一个移动电话品牌的数据。其次，一些感兴趣的特征很难获得，如与个人环境、个人性格或未知的社交关系有关的信息等。此外，通常只能获得部分结构和动态数据：数据收集在空间和时间上受限，客户之间的社交关系的信息可能丢失。

信息的缺乏可能导致几个问题：当缺乏某个群体的某些特定因素时，可能出现高估计偏差。当设计复杂模型时，信息量大的数据太少：过强的简化和假设可能导致统计识别问题， 如反射问题（如线性中值社交互动模型就存在这样的问题）。第 11 章阐述了利用网络局部和全局结构来解决这些问题的策略，重点研究了消费者接纳新事物的行为。

9.2.2 网络的提取和管理

Eagle 等人比较了移动网络数据和调查问卷数据后发现，从移动网络收集的数据可以准确预测认知结构，如友谊关系。这项研究结果认为，移动网络信息可以用来研究用户订购了某运营商的服务之后对其他消费者的影响。

采集网络结构的措施有 3 种策略：①完整的网络策略，即考虑到整个网络；②自我网络策略，即自关注节点开始，然后追踪直接连接到关注节点的其他节点；③雪球网络策略，即从一组关注节点开始，跟踪关注节点的联系人和联系人的联系人，等等，直到追溯到某种程度而停止。雪球网络是一个扩展的自我网络。不存在普适于所有问题的"正确"的网络结构采集策略。滚雪球采样方法通常用于从移动数据中构建社交网络，Chen 等人[26]证明了滚雪球采样方法能更好地保持网络结构，在复原社交互动方面表现得更好。因此，我们推荐采用这种方法，具体步骤如下：从整个移动网络中随机选择种子；基于这些种子，我们在采样周期开始的短时间内通过电话或短信识别他们联系的每一个人。我们认为那些直接联系人是种子的"邻居"或"朋友"，他们共同组成了一个网络群体的圈子，然后我们收集作为"邻居"的"邻居"的直接联系人的信息。我们为每个种子形成了一个两层雪球，每个个体的完整网络和人口信息都包括在这个样本中。重复这个过程，直到达到预定的目标。

图表有助于更好地理解这个采样过程。在图 9.2（a）中，我们演示了如何通过以上步骤来采集研究中的网络。我们首先随机选择个体 i，有 5 个与 i 直接相连的节点（用方框突出显示），我们将这些节点称为个体 i 的"邻居"。在图 9.2（b）中，我们用方框来突出所有组成员。我们从每个"邻居"出发，将网络扩展到直接连接到"邻居"的个人，这样就创建了一个扩展的自我网络系统。

使用滚雪球采样提取的网络可能存在潜在重叠，在一定程度上，这将影响模型校准。为了构造非重叠网络，在滚雪球采样之后，我们会采取社区检测算法以获得不重叠的独立网络。考虑到海量的电信数据，我们建议使用 Louvain 方法进行社区检测[28]，Louvain 方法能够有效地从大型网络中提取出非重叠的社区。它通过两个步骤进行操作：首先，将节点分配到小社区中，进行有利于网络模块化的局部优化；其次，通过聚合在第一步骤中发现的邻近社区来定义新的网络。这两个步骤迭代，直到没有社区的模块化优化的可能为止。

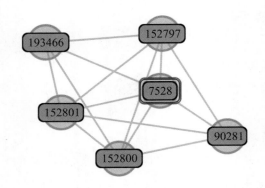

（a）网络拓扑结构

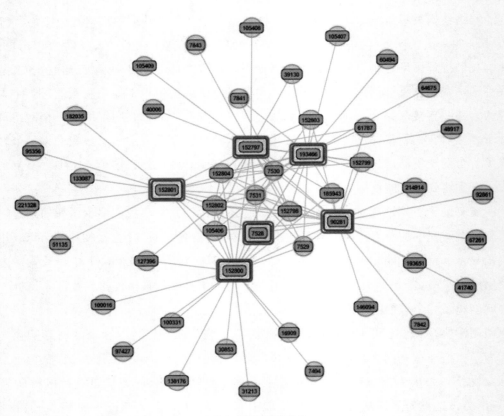

（b）网络的组成员

图 9.2　网络拓扑结构和组成员

9.3　网络结构的度量

网络结构可以通过不同的图形变量来量化并描述其拓扑结构。这些图形变量分为局部度量和全局度量。局部度量基本上是基于自我网络视角的局部 / 自我网络上的个体位置的度量，如个体中心性和个体聚类系数等。全局度量则包括密度、全局集聚系数、特征值和个体中心性度量的熵等，它们都是基于使用雪球网络策略或全局网络策略构建的网络而获取的。另一种对网络结构度量分类的方法是基于测量的网络特征，它可分为数量度量（如度、密度）、中心性度量（如点度中心性、中介中心性和特征向量中心性）、传递性度量（如聚类系数）和异质性的度量（如中心性的香农熵）。

个体局部网络度量提供了关于个人在网络内的位置信息。在第 12 章中，我们考虑了 3 个个体中心性（centrality）度量（包括度、中介和特征向量），以及个体聚类系数（individual clustering coefficient）。通过计算个体拥有多少连接，可以评估个体在网络中的重要性，它可以用度中心性（degree centrality）来表示。中介中心性（betweenness centrality）表明如果个体总是处于连接不同他人的路径上，则证明该个体是重要的。特征向量中心性（eigenvector centrality）则是通过个体所连接的其他个体的重要性来反映该个体的重要性。如果个体连接到重要的其他个体，那么证明该个体也是重要的。个体聚类系数则是量化个人的局部邻居形成闭包的程度。

全局度量关注网络本身的一般结构，包括网络大小、密度、全局集聚系数、同配性、最大特征值和最小特征值及基于度中心性、中介中心性和特征向量中心性的 3 个度量的熵：度、中介和特征向量。更多、更频繁的网络连接会导致更高的社交影响，网络大小决定了潜在可达和交互的客户池，而网络密度是网络中的平均度数（每个个体拥有的连接数量）。全局集聚系数度量网络的凝聚力或紧密程度，它衡量了在多少程度上某个人的朋友也彼此是朋友的可能性。根据网络中点到点的关联度，同配性测量了高连接节点到网络中其他高连接节点的程度 [27]。最大特征值可用于预测渗透过程的传播阈值，网络矩阵的最小特征值则捕获网络传播的可替代性的程度。最后，中心性的熵衡量了个体之间的连接是否是均匀分布的。

9.4　网络中的消费者行为建模

根据研究的问题类型、收集的数据类型或选择的方法，建模策略可能会相应地改变。在第 10 章中，我们的兴趣是社交影响下的客户流失率，使用一个动态的"前瞻"模型来捕捉在个人留网 / 离网决策中的社交学习效应和网络效应。在第 12 章中，我们使用一个动态统计模型来研究网络内的产品传播。为了研究网络结构和动态演变如何与社交影响相互作用，以促进新产品传播，我们基于用户的话单，使用滚雪球采样方法提取了个体的社交网络。由于我们希望将社交影响和同质性分开，同时保留个体的社交网络（而不是将整个群体看作一个单一的网络），因此我们使用基于角色的随机动态网络模型（RSEINA），该模型利用纵向网络信息估计网络构造和接纳行为的共同演化，识别和量化社交影响效应。

第 11 章的研究演示了静态模型的使用。在第 11 章中，我们使用从经典线性空间自回归（SAR）模型改编的空间概率模型对个体消费行为进行建模。在这项研究中，我们再次使用滚雪球采样方法和 Louvain 方法[28]构建网络。接着，我们使用空间概率模型控制网络形态的影响，然后估计局部和全局网络效应对个体接纳决策的影响。

构建社交网络时需要注意的一点是网络形态的内生性问题，这是网络内消费者行为建模的一大挑战，因为一些未观察到的影响消费者行为的个体特征也可能影响到联系人的选择。这些相关性可能导致在 SAR 模型中对网络相关变量（如同伴影响和网络结构效应）产生估计偏差。因此，我们引入 Hsieh 与 Lee[29]的方法，利用潜在变量网络形态模型来捕捉网络形成过程中未观测到的个体异质性来解决这个问题。该模型的核心思想是基于人以群分[30]的概念的，即具有相似特征的个体更有可能彼此连接。

在这种情况下，空间概率模型和网络构造模型组合为联立方程组。我们将网络形态方程中未观测到的潜在变量合并到空间概率模型的结果方程中，以校正网络内生性。网络形态方程中使用的个体之间的差异变量通常不影响行为结果，因此用作解上述方程组的天然的排他性约束。这些差异变量曾在许多不同的应用场景中作为排他性约束条件的良好备选。这个模型还允许使用其他根据研究场景所包含的特定的排他性条件，因此其适用性很广泛。

参 考 文 献

[1] Iyengar, Raghuram, Asim Ansari, Sunil Gupta (2007), "A model of consumer learning for service quality and usage," Journal of Marketing Research, 44(4), 529–544.

[2] Grubb, Michael D (2012), "Dynamic nonlinear pricing: biased expectations, inattention, and bill shock," International Journal of Industrial Organization, 30(3), 287–290.

[3] Ascarza, Eva, Anja Lambrecht, Naufel Vilcassim (2012), "When talk is free: The effect of tariff structure on usage under two-and three-part tariffs," Journal of Marketing Research, 49 (6), 882–899.

[4] Gopalakrishnan, Arun, Raghuram Iyengar, Robert J Meyer (2014), "Consumer dynamic usage allocation and learning under multipart tariffs," Marketing Science, 34(1), 116–133.

[5] Eagle, Nathan, Alex Sandy Pentland, and David Lazer (2009), "Inferring friendship network structure by using mobile phone data." Proceedings of the National Academy of Sciences 106, no. 36: 15274–15278.

[6] Onnela, J. P., Saramäki, J., Hyvönen, J., Szabó, G., Lazer, D., Kaski, K., Kertész, J. and Barabási, A.L. (2007). Structure and tie strengths in mobile communication networks. Proceedings of the National Academy of Sciences, 104(18), 7332–7336.

[7] Eagle, Nathan, Michael Macy, Rob Claxton (2010), "Network diversity and economic development," Science, 328(5981), 1029–1031.

[8] Godinho de Matos, Miguel, Pedro Ferreira, David Krackhardt (2014), "Peer influence in the diffusion of the iphone 3g over a large social network," Management Information Systems Quarterly (Forthcoming).

[9] Mantian Hu, Sha Yang, and Yi Xu, (2019)"Understanding the Social Learning Effect in Contagious Switching Behavior," forthcoming at Management Science.

[10] Mantian Hu, Chih-sheng Hsieh, and Jamie Jia (2015), "Predicting Peer Influence Using Network Structure," working paper, CUHK, Hong Kong.

[11] Mantian Hu, Chih-sheng Hsieh, and Jamie Jia (2016), "Network Based Targeting: The Effectiveness of Peer Influence within Social Networks," working paper, CUHK, Hong Kong.

[12] Gonzalez, M. C., Hidalgo, C. A., & Barabasi, A. L. (2008). Understanding individual human mobility patterns. Nature, 453(7196), 779–782.

[13] Song, C., Qu, Z., Blumm, N., & Barabási, A. L. (2010). Limits of predictability in human mobility.

Science, 327(5968), 1018–1021.

[14] Palchykov, V., Mitrović, M., Jo, H. H., Saramäki, J., & Pan, R. K. (2014). Inferring human mobility using communication patterns. Scientific reports, 4.

[15] Moretti, Enrico (2011), "Social learning and peer effects in consumption: Evidence from movie sales." The Review of Economic Studies 78, no. 1: 356–393.

[16] Chandrasekhar, Arun, Horacio Larreguy, and Juan Pablo Xandri (2012), "Testing models of social learning on networks: Evidence from a framed field experiment." Work. Pap., Mass. Inst. Technol., Cambridge, MA

[17] Zhang, Juanjuan (2010), "The sound of silence: Observational learning in the US kidney market." Marketing Science 29, no. 2: 315–335.

[18] Cai, Hongbin, Yuyu Chen, and Hanming Fang (2009), "Observational learning: Evidence from a randomized natural field experiment." American Economic Review 99, no. 3: 864–882.

[19] Ellison, Glenn, and Drew Fudenberg (1995), "Word-of-mouth communication and social learning." The Quarterly Journal of Economics (1995): 93–125.

[20] Golub, Benjamin, and Matthew O. Jackson (2010), "Naive learning in social networks and the wisdom of crowds." American Economic Journal: Microeconomics, 2(1), 112–149.

[21] Bala, Venkatesh, and Sanjeev Goyal (1998), "Learning from neighbours." The Review of Economic Studies 65, no. 3: 595–621.

[22] Zhang, Juanjuan, and Peng Liu (2012), "Rational herding in microloan markets." Management Science 58, no. 5: 892–912.

[23] Katz, Michael, and Carl Shapiro (1985), "Network externalities, competition and compatibility," The American Economic Review, 75, no. 3: 424–440.

[24] Goolsbee, Austan, and Peter Klenow (2002), "Evidence on learning and network externalities in the diffusion of home computers," Journal of Law and Economics, 45, no. 2: 317–343.

[25] Young, H. P. (2009). Innovation diffusion in heterogeneous populations: Contagion, social influence, and social learning. The American economic review, 99(5), 1899–1924.

[26] Chen, X., Chen, Y., and Xiao, P. (2013). The impact of sampling and network topology on the estimation of social intercorrelations. Journal of Marketing Research, 50(1), 95–110.

[27] Kiss, I. Z., Green, D. M., and Kao, R. R. (2008). The effect of network mixing patterns on epidemic

dynamics and the efficacy of disease contact tracing. Journal of The Royal Society Interface, 5(24), 791–799.

[28] Blondel, Vincent D, Jean-Loup Guillaume, Renaud Lambiotte, Etienne Lefebvre. 2008. Fast unfolding of communities in large networks. Journal of statistical mechanics: theory and experiment, 2008(10) P10008.

[29] Hsieh, Chih-Sheng, Lung-Fei Lee. 2016. A social interactions model with endogenous friendship formation and selectivity. Journal of Applied Econometrics, 31(2), 301–319.

[30] Lazarsfeld, Paul F, Robert K Merton, et al. 1954. Friendship as a social process: A substantive and methodological analysis. Freedom and control in modern society, 18(1), 18–66.

第10章
传染式客户流失

10.1　问题引入

对于运营商等竞争激烈的市场而言,其面临的主要的挑战之一是维持和扩大客户基数。制定营销策略来拓展客户是运营商等的首要任务,也是其主要收入来源。营销活动能够提升品牌的影响,通过社交网络吸引新客户并且防止现有用户转网。运营商可以通过提高其品牌影响力吸引新用户,或者通过提高服务质量、识别和管理潜在的离网客户来减少离网客户。这两种常用的管理客户群的策略也可以组合使用,本章将重点关注后者。

和大多数发达国家一样,中国的电信市场已接近饱和,大多数人已拥有一部或多部手机。新客户的获取日益困难,而老客户不愿意在没有特殊原因的情况下转网。在那些市场空间几乎饱和的国家中,新增客户已经很难实现,因此扩大客户基数和吸引新客户的最佳途径是说服其他运营商的客户放弃原有的运营商转投自己。这种专注于客户保留的做法被称为客户维系,也被称为流失率问题。

10.1.1　流失率问题

在饱和的电信市场中,流失率问题非常重要,因为留住客户的成本远低于获得新客户的成本。由于来自其他运营商的大多数潜在客户已经对该运营商的服务和价格感到满意,除非有很大的激励因素,否则他们不会转网。一个可能的激励因素是同伴的影响,即客户相互影响而转换运营商。研究流失率问题对运营商保持可持续增长至关重要。移动运营商利用从客户那里获取的大量信息，可以深刻理解客户行为，进而设计出留住客户的最佳策略。

在本章中，我们将分析客户的转网行为，以预测客户的流失率。我们提出一个整合了社交学习和网络效应的动态模型，使我们能够比较这两个组成部分的影响。在这项研究中，我们的目标不仅仅是简单地记录传染式转网这种现象，还运用基于社会科学和计量经济学假设的实证分析方法来解释传染式转网行为发生的机制。

10.1.2　社交学习和网络效应

造成客户转网的原因之一是同伴的影响，这种现象也被称为传染式转网。根据 ComScore Networks 在 2007 年进行的一项调查，当美国移动用户被问及他们的使用行为和态度时，13% 的受访者认为朋友和家人的影响是他们转网的主要原因，这几乎与普遍认为的价格因素是转网主要原因的比例相同（14%）。传染式转网是一种与社交网络相关的行为，它表现为如果某客户的同属某运营商的很多联系人已经转网，则该客户有很大的概率转网。最近，这个现象在电信业引起了一定的关注，包括 Richter 等人[1] 做了相关的研究[2]。许多其他领域的例子也揭示，同伴的行为将影响个人的决策和选择[3~5]。在市场营销领域也发现了类似的现象，尤其是在人们在接受新产品或新技术的时候[6~11]。

针对个体倾向于模仿他人的行为，有两种完全不同的解释[12]。一种解释被称为"社交学习效应"，它基于信息交换的论点，认为个人会通过同伴的反馈来更新他们对产品质量的期望[13]。在社交学习中，有两个独立的沟通渠道：直接渠道和间接渠道。直接渠道的一个例子是口碑传播[14]，即同伴之间直接交换信息。间接渠道是指个体可以通过观察性学习间接地从同伴那里获得信息[15,16]——观察同伴的行为以推断同伴是否拥有某些个体没有的先验信息。在我们的模型中，我们假设人们通过这两种渠道获得并聚合不同来源的信息。

另一种解释是基于从社交网络获取的直接效用。如果人们的行为与他人的行为一致能获得直接的收益，那么人们就会追随他人的选择，这就是"社交网络效应"。社交网络效应是一种外部性形式，即同伴的行为（如网络大小）直接影响个人偏好[17]。个体的行为不像社交学习那样间接地更新他们的认知，而是其他人的行为直接影响了个人的回报。

例如，有两家运营商 A 和 B，运营商 B 允许所有客户通过移动网络预装视频应用程序来聊天，而运营商 A 只允许通过 Wi-Fi 进行视频通话。当某人的朋友都从运营商 A 转到运营商 B 时，此人很可能会转网。转网背后的潜在动机可能是：此人的同伴提供了运营商 B 的新信息，利用这些信息此人更新了对运营商 B 服务的认识（社交学习效应）；或者仅仅是因为若他们属于相同的运营商视频聊天就更容易、成本更便宜（网络效应）。在后一种情况下，即使客户更新了自己对运营商 B 的看法，并认为运营商 B 在其他方面可能不如运营商 A 好，但客户仍然想转网，因为与同伴交流的便利带来了直接回报。

从管理的角度来看，区分社交学习效应和社交网络效应是很重要的，因为针对两种效应的营销策略是截然不同的。如果社交学习成为用户转网行为的主要驱动因素，那么运营商就要提供更好的产品，在用户中树立积极的口碑，从而防止用户转网。然而，如果社交网络效应起主导作用，运营商最好的策略是维持一个庞大的客户群。在这种情况下，包括对外部网络电话的价格歧视或者向其用户提供应用程序和游戏的独家服务策略都将使该公司受益。

近年来，社交学习效应和社交网络效应都受到了广泛的研究。例如，Ching[18] 开发了一个针对处方药物推广的实证结构需求模型，根据客户的使用经验对信息融合过程建模，以更新人们对新产品质量随时间变化的普遍看法；Narayan 等人 [19] 研究了同伴对产品选择的影响，发现客户选择时会综合考虑自己的经验及同伴的喜好，很符合贝叶斯理论；Chan 等人 [20] 研究了医生如何通过病人反馈等细节，从而了解相关疗程的疗效与副作用。Chintagunta 等人 [21] 还整合了对患者反馈的学习，以对医生的处方选择进行建模；Zhao 等 [22] 通过贝叶斯学习模型，捕捉客户如何通过自身对某一类文学作品的体验和其他评论者对某一特定图书的体验来形成对某本书质量的整体期望。他们还发现，贝叶斯学习模型比仅依赖于以往经验的简化形式模型表现得更好。Jackson[23]、Mobius 和 Rosenblat[24] 则对经济学领域社交网络中的社交学习文献进行了很好的文献综述。

自从 Katz 和 Shapiro[17] 正式提出社交网络效应模型以来，社交网络研究取得了相当大的进展，Goldenberg 等人 [25] 针对这个课题提供了优秀的文献综述。在本章中，我们将关注个体在做决定时是如何受到本地 / 直接社交网络效应影响的。Tucker[26] 使用外生冲击来识别某人对其他人决定接受新技术的社交网络效应，并识别更有影响力的个体。Ryan 和 Tucker[27] 开发了一个实证模型来研究视频通话技术的需求，这项技术需要同时考虑社交网络效应和个体的异质性。他们发现人们有不同的接受成本和社交网络效益，并且人们更喜欢多样化的社交网络。

　　尽管有大量关于社交学习和社交网络效应的文献，但很少有论文同时研究这两种机制如何共同发生作用。Goolsbee 和 Klenow[28] 最早提出网络外部性和向别人学习都可以被视为局部溢出效应，而这种效应影响了家用电脑的传播。如果大部分同伴拥有计算机，则人们将更有可能去购买他们的第一台家用计算机。然而，他们并没有区分这两种机制，而是聚焦于从未观察到的家庭共同特征中识别局部溢出效应。例如，通过集合电影票房收入和天气数据，Moretti[13] 通过实证研究从社交网络外部性中识别出社交学习，并且发现社交学习是电影票房的一个重要的决定因素。

　　在本章研究中，我们使用欧洲某国的运营商的数据，将两种潜在的行为机制统一到一个模型中，并区分它们的影响来研究个人留网 / 转网决定。为此，我们使用个人的行为和社交网络变化的数据。为了更全面地解释客户的留网 / 离网决定，我们将注意力集中在 3 个独立的机制上。首先是自我学习机制。Iyengar 等人[29] 认为，当前运营商的服务质量将直接影响留网的效用。由于移动运营商之间和运营商内部的服务差异性使客户面临着不确定性，客户从自己的体验中了解所订购运营商服务的平均质量。

　　如前所述，第二种机制和第三种机制分别是社交学习效应和社交网络效应。这两种机制都可以导致客户同伴转网行为对客户本人转网决定产生影响。在社交学习中，客户有意转网的其他运营商的质量期望及从同伴那里获得的信息将影响客户的转网概率。这些信息或来自于观察同伴的行为，或来自于已经转网同伴的直接沟通，其结果是更新个人对备选运营商的产品质量期望。在这种情况下，我们的模型考虑了客户向同伴学习时的两个特点：①客户从已经转网的同伴处获得备选运营商的信息，客户对备选运营商的反应会有差异，这取决于同伴是否曾经是老运营商的忠诚客户。同时，客户认为来自亲密朋友的信息更加真实。②对备选运营商的评价取决于个人与已经转网的朋友之间的关系紧密程度。从社交网络效应来看，某人转网到相同运营商的朋友的数量将直接影响他的决定。

10.2　网络数据的处理

　　这项研究的数据来自某欧洲国家，是由欧洲一家专注于为多国电信领域提供服务的研究公司提供的。数据是关于客户在运营商内部的呼叫行为，收集周期为 2008 年 6 月至 2009 年 2 月。Eagle 等人 [30] 对比了收集的手机数据和用户自己上报的调查数据，发现"从手机收集的数据可以用来准确地预测诸如友谊之类的认知结构"。这一发现表明，移动网络信息将有助于研究其他客户对无线运营商订购的留网 / 转网决定的影响。

　　该研究使用了两组数据。第一组数据包括话单和个人移动服务使用的汇总信息（包括通话次数、发送和接收的短信数量及他们的联系人信息），这些信息是在采样开始的短时间内获取的。该数据集用于识别每个客户的初始社交网络。第二组数据包含了从 2008 年 6 月至 2009 年 2 月这段时间内的每个用户的个人信息，如客户等级、套餐详情（后付费或预付费、网内网外消费比、分钟数和家庭套餐 ID）和流失日期。

　　在这里，我们感兴趣的是研究用户之间的互动。为了确定个人社交网络的边界并计算相关变量，我们使用了两种独立的算法。首先，利用滚雪球抽样方法，从整个数据库中提取朋友网络。我们使用滚雪球抽样方法是因为它在保持网络结构 [31] 方面表现更好。从整个移动网络中随机抽取 20 个个体（"种子"），然后我们确定了每一个与"种子"接触的人，并把他们标记为种子的"邻居"或"朋友"。他们一起形成了一个球形网络群体。然后我们使用种子的"邻居"的直接联系人的信息形成第二层。这样，我们为每个"种子"形成了一个双层雪球。

　　由于雪球网络有潜在的重叠，无法保证一个干净的环境来进行跨网络分析，因此需要执行一种社区发现方法。在数据样本中，共识别出 198 个社交网络，其中包括 2077 个个体，样本包含了每个个体的完整社交网络和人口统计信息。经过滚雪球抽样计算，我们得到了几个可能有重叠的不同社交网络，于是执行了一种社区发现算法。我们采用由 Blondel 等人 [32] 证明的 Louvain 方法进行社区发现，从社交网络中提取出非重叠社区。还有一些发现社区的其他算法可供选择，如改良的 T-CLAP[33]，它是一种抽样和社交网络构建算法，结合了滚雪球抽样和网络集聚过程。然而，改良的 T-CLAP 不能防止网络重叠。另一个著名的方法是 Newman 和 Girvan[34] 的迭代边缘去除方法，该方法不断地查找并去除具有最大中介度量的边来分离网络。Louvain 方法的主要优点是计算速度快：它的运行时间为 O（$n\log n$），其中 n 表示网络大小，因此，在合理的时间内，可以在当前计算资源上分析任何具有多达 109 条边的图形。

10.3 动 态 模 型

10.3.1 模型介绍

我们构建了一个具有前瞻性的动态模型，该模型研究了客户留网或者离网场景下的社交学习效应和社交网络效应。该模型由 3 个关键要素组成。首先，每个客户根据自己的用户体验了解所属运营商的服务质量。移动服务是一种体验性商品；客户在实际使用之前通常不确定其服务质量，而且在一个特定的地点仅仅使用一次是不够的。随着时间的推移，客户通过重复使用形成了对质量的总体认识。由于移动网络覆盖范围或设备效率的原因，同一运营商的感知质量可能因客户的条件（如客户所在地区的信号覆盖强度或客户所使用的终端型号）而异。客户通常对质量有一个先入为主的印象，我们允许他们通过自身实际经验去更新对服务质量的评价 [35]。

其次，客户向朋友了解其他运营商产品质量的学习成本要比抽样或直接体验所付出的成本低得多，所以我们假设人们使用来自同伴的反馈来更新自己对其他运营商产品质量的预期。我们假设当某人的朋友换了一家新的运营商时，社交学习发生了。人们对备选运营商服务质量的先验认知因人而异，而当自己的朋友转网之后，其对备选运营商的后验认知会被更新。我们假设当他 / 她的社交网络中的一名成员发生改变时，客户个人对备选运营商服务的认知也会发生贝叶斯式的更新。为了捕捉客户对他人的策略性学习，我们做了以下假设：使用其他运营商的联系人影响客户的程度取决于他们对原本运营商的忠诚度，且客户对其联系人的信任度取决于关系的亲密程度。

最后，我们进一步假设使用运营商服务的效用直接依赖于社交网络中的联系人数量。社交网络大小可以通过 3 种机制进入效用函数 [13]：其一是客户的成本考虑。例如，一些运营商为同一移动网络的用户提供免费短信服务。因此，如果有更多的朋友转网，由于没有了免费短信，后续可能会产生更高的费用。其二，随着智能手机越来越普及，移动社交应用允许朋友们随时随地在手机上玩游戏，更多朋友在同一个移动网络上玩同一款游戏，可能会带来更多的乐趣，客户可从中得到更好的体验。其三，一种机制被社会学家称为"从众而适"。人们的行为倾向于和同一群体中的伙伴一样，这种效应的强度通常被建模为受到群体中做出相同选择的人数（即网络大小）的影响。

我们假设客户的决策是有前瞻性的。Lemon 等人[36] 通过问卷和实验表明，"在决定是否延续一种服务合约时，客户不仅要考虑公司当前和过去的表现，而且要考虑未来的服务表现。"这种前瞻性的行为通过两种预期来实现：预期的未来收益和预期的未来后悔。因为社交网络的大小直接影响客户的效用，所以当客户做出决定时，会考虑不同时期的影响。今天决定转网的客户，会考虑到明天因为与朋友处于不同运营商而产生的额外费用。此外，客户对运营商服务质量的不确定也会导致今天更换运营商并承担大风险与观察等待收集更多信息再做决定之间的利益权衡。

10.3.2　模型的定义

根据动态结构模型的文献（如 [37,38]），我们用状态变量的向量 $I_{i,t}$ 来表述每个个体 i 在时间 t 的所有信息。下面部分会省略 i，这是因为感兴趣的用户是固定的 $: I_{i,t}=I_t$。这个向量包含了个体在日期 t 的全部信息：一般状态变量、从当前网络和备选网络接收到的质量信号及影响用户选择转网或留网的随机刺激。

该模型建立在博弈论的背景下，每个用户通过尝试最大化收益来决定是否转网，从而做出理性的选择。方程遵循 Bellman 方程，使用动态规划算法求解。下面给出了模型和不同组成部分的显式描述，这部分偏技术一些，首次阅读可略过。

显然，一般状态变量是 Z_t=(Net$_t$,X_t)，其中 Net$_t$ 是社交网络规模，X_t=(Price,Min,Fam,Male,Age)，包括移动套餐信息和个人特征：每个人当前套餐的网内 / 网外资费价格是预先确定的，且不随时间变化；套餐包含的分钟数；二元变量中的 1 表示客户订购了家庭套餐，0 表示没有订购家庭套餐；性别和年龄。接收到的客户当前运营商网络质量信号为 S_{ft}，客户估计的备选运营商网络质量信号为 S_{at}。在采取行动之前，每个人都会有一个特定的选择偏好刺激从而影响他们决定是转网 $\varepsilon_t(0)$，还是留网 $\varepsilon_t(1)$。这个刺激因素对个人是已知的，但是研究人员无法获知。根据假设，它因人因时而异。随机刺激每次都会影响用户的选择。

给定状态 I_t，客户在每个周期的开始预测他们自己的社交网络规模的变化，并做出转网决定。如果他们决定转网，他们当前合约将在该周期结束时终止。令 $d_{it}\varepsilon\{0,1\}$ 表示个体 i 在 t 时刻的决定，这是一个二元指标，如果客户选择在 t 时刻留网则取值为 1，否则取值为 0。

我们首先总结一下模型中需要估计或固定的不同参数。$\beta \in (0,1)$ 是公共折扣因子，设置为 0.99。我们进一步假设，当客户转网时，他们将不再反悔并且没有新的样本条目进入网络，因为我们无法观察到新的样本加入网络。一般状态变量 X_t 使用实参数 $\theta = (\theta_1, \cdots, \theta_5)$ 进行线性加权。局部网络效应与参数 λ 相关。r 用于度量个人风险规避倾向。

客户在单个时点 t 留在当前运营商获得的收益为 u_{1t}，假设 u_{1t} 为 z_t 和 S_{ft} 的函数。根据 Crawford 和 Shum[38] 的观点，我们考虑一个基于 S_{ft} 的子效用函数和 z_t 中的线性项具有恒定的绝对风险规避态度的拟线性效用模型。

$$u_{1t}(z_t, S_{ft}; \theta) = -\exp(-rS_{ft}) + \theta X_t + \lambda \text{Net}_t \tag{10.1}$$

此外，我们将 $u_{0t}(S_{at})$ 定义为一个抽象的备选运营商的效用函数，它仅是 S_{at} 的一个函数：

$$u_{0t}(S_{at}; \theta) = -\exp(-rS_{at}) \tag{10.2}$$

在折扣值和随机刺激改变之前，我们可以注意到，当 $r \gg 1$ 时，风险规避较高并且 $u_{1t}(z_t, s_{ct}; \theta) = \theta X_t + \lambda \text{Net}_t$，而 $u_{0t}(s_{at}; \theta) = 0$，因此个体不能转网。当 $0 < r \ll 1$ 时，个体承担所有风险 $u_{1t}(z_t, s_{ct}; \theta) = -1 + rs_{ct} + \theta X_t + \lambda \text{Net}_t$，且 $u_{0t}(s_{at}; \theta) = -1 + rs_{at}$。在这种情况下，$X_t$ 和 Net_t 的影响很小 [38]，只有 S_{ct} 和 S_{at} 之间的比较竞争，没有其他影响。

客户将在以下情况下发生转网：如果转网的网络收益加上折现后转网价值和特殊转换偏好（在下文中称为 utilitySwitch（t））大于当前效用加上折现的留网价值和特殊留网偏好（下文中称为 utilityStay（t）），则判定客户转网。每个周期开始时网络中当前客户的价值的 Bellman 方程取自 Pakes 等人 [37] 和 Dunne 等人 [39]。我们可以定义单步效用，它对应于在日期 $t+1$ 检查转网与否的收益，而不考虑 $t+1$ 之后的时间。从前面的符号，我们得到：

$$V_1(t) = u_{1t}(z_t, S_{ct}; \theta) + \beta \text{VC}(I_t; \theta) + \varepsilon_t(1) \tag{10.3}$$

$$V_0(t) = u_{1t}(z_t, S_{ct}; \theta) + \beta \text{VX}(I_t; \theta) + \varepsilon_t(0) \tag{10.4}$$

我们使用双方的"当前收益"，因为个人在日期 t 处于当前运营商中，并且此时决定将来是否转网，其中每步的收益用"折现转网价值"和"折现留网价值"表示。

接下来，我们定义 VC（.）的留网价值，它是整个未来的价值函数在下个周期的实现的期望值（数学上，这对应于对未来转网与否的可能性的积分，取决于未来效用函数）：

$$VC(I_t;\theta) = E[\max(\text{utilityStay}(t+1), \text{utilitySwitch}(t+1)) \mid I_t] \tag{10.5}$$

其中：

$$\text{utilityStay}(t+1) = u_{1t+1}(z_{t+1}, S_{ct+1};\theta) + \varepsilon_{t+1}(1)$$
$$+ \beta \int_{i'_{t+2}} VC(I'_{t+2};\theta)\,\mathrm{d}P(I'_{t+2} \mid I_{t+1})$$
$$\text{utilitySwitch}(t+1) = u_{1t+1}(z_{t+1}, S_{ct+1};\theta) + \varepsilon_{t+1}(0)$$
$$+ \beta \int_{i'_{t+2}} VX(I'_{t+2};\theta)\,\mathrm{d}P(I'_{t+2} \mid I_{t+1})$$

相对应，VX（.）是备选运营商的预期效用，表示转网价值。在模型中，由于我们没有关于其他运营商的信息并且也没有观察到转网客户的返回，所以我们假定个体已经转过一次网后就不允许其再转网了。公式被简化为

$$VX(I_t;\theta) = E[u_{0t+1}(S_{at+1};\theta) \mid I_t] \tag{10.6}$$

在动态规划语言中，VC 和 VX 这些函数被称为特定选择价值函数，它们将是解决动态问题的关键。 模型的形态是迭代定义的。为了能够显式地解这个模型，我们需要通过定义 S_{ft}、S_{at} 和估计 $t+1$ 时刻的网络来定义效用函数与自身体验、社交学习和网络效应的关系。

10.3.3 自身经验建模、社交学习和社交网络效应

尽管客户不确定体验型商品的质量，但假设他们拥有先验信息并且每次都可以从自己的经验中学习。每个客户对感知到的真实质量（Q_{if}）的先验认知可以用正态分布来概括：

$$Q_{if} \sim N(\mu_f, \sigma_{\mu f}^2) \tag{10.7}$$

在该表达式中，μ_f 表示先验平均质量；$\sigma_{\mu f}^2$ 表示标准方差，用来衡量先验平均值的精度。客户 i 不知道 Q_{if}，但接收能让其更新其对真实质量的后验认知的质量信号。我们假设信号在真实服务质量（Q_{if}）的周围是独立且呈正态分布的：

$$s_{ift} \sim N(Q_{if}, \sigma_f^2) \tag{10.8}$$

S_{ift} 是客户观察到的，但是研究人员不可知，而 Q_{if} 是客户和研究人员都不知道的。使用经验和随后观察到的信号 S_{ift} 并不能精确地揭示 Q_{if}，但提供了有关 Q_{if} 的信息。这个正态分布假设，连同 Q_{if} 的先验初始共轭，产生了贝叶斯学习过程，在这个过程中，客户对 Q_{if} 的后验认知是递归给出的（参见文献 [40]）。显然，我们建立了一个以 π_{ift} 平均值、V_{ift} 为方差的正态分布序列，它满足公式 10.9 和公式 10.10，其中 n_{it+1} 是客户 i 保留当前运营商直到 $t+1$ 周期的周期总数。我们同样用 $d_{it} \in \{0,1\}$ 表示个体 i 在 t 时刻的决定。

$$\pi_{ift+1} = \begin{cases} \dfrac{\dfrac{\pi_{ift}}{V_{ift}} + \dfrac{S_{ift+1}}{\sigma_f^2}}{\dfrac{1}{V_{ift}} + \dfrac{1}{\sigma_f^2}} = \dfrac{\sigma_f^2}{V_{ift} + \sigma_f^2}\pi_{ift} + \dfrac{V_{ift}}{V_{ift} + \sigma_f^2}S_{ift+1} & d_{it} = 1 \\[4mm] \pi_{ift} & \text{其他} \end{cases} \tag{10.9}$$

$$V_{ift+1} = \begin{cases} \dfrac{1}{\dfrac{1}{\sigma_{\mu f}^2} + \dfrac{n_{it+1}}{\sigma_f^2}} & d_{it} = 1 \\[4mm] V_{ift} & \text{其他} \end{cases} \tag{10.10}$$

此外，我们假设特定选择偏好激励 $\varepsilon_{it}(d_{it})$ 具有极值分布。条件选择概率则有一个简化的表达式：

$$P(d_{it} \mid I_t) = \frac{\exp(Vd_{it}(I_t))}{\exp(V_1(I_t)) + \exp(V_0(I_t))} \tag{10.11}$$

客户也会向他人学习。与抽样或直接经验相比，其成本更低，效率更高，因为订购和了解新运营商的服务往往代价高昂。当网络上的一个联系人转网时，它不仅影响网络规模，而且有助于个人更新关于备选运营商的质量信息。Q_{ia} 为个体 i 感知到的替代运营商的真实质量，我们将替代运营商的先验均值归零，并假设初始方差相等，以达到经验识别的目的：

$$Q_{ia} \sim N(0, \sigma_{\mu f}^2) \tag{10.12}$$

只有当客户网络中的朋友转网时，社交学习才会发生，因此在某些时期内可能根本没有学习或在特定时期内可能发生多次学习。此外，我们假设社交学习过程具有两方面的策略性。首先，根据不同的联系人类型（如忠诚度），个人可能会对更换了运营商的联系人发出的信号有不同的感知。直观地说，如果转网的联系人是一个对原先运营商高度忠诚的客户，个人可能会将该联系人的信号解释得比平均值更积极。这是因为，对于转网者是原先运营商的忠诚客户来说，备选运营商往往需要提供高于平均水平的体验才能吸引他们转网。为了体现这个逻辑，我们指定备选运营商信号的均值等于 $Q_{ia} + \delta z_j$，如果联系人 j 是关注运营商的忠实客户则 z_j 为 1（即他们续签了合同），反之为 0。根据我们的理论，δ 的值将是正的。

其次，我们假设客户对其所感知到的其他人发出的信号产生不同的可信度。从直观上看，来自亲近的联系人的信号比来自关系较远的联系人的信号噪声小。为了反映这种逻辑，我们允许经验信号的差异性是客户和转网的联系人之间关系的函数，即 $\exp\left(\alpha_0 + \dfrac{\alpha_1}{D_{ij}}\right)$。$D_{ij}$ 用于度量联系人 j 与个体 i（即 $1/D_{ij}$ 表示两者之间的距离）之间的接触频率。因此，α_1 的值应该为正值。从经济学来讲，这两个方面使我们能够考虑到联系人的个体异质性及个人与联系人之间的联系的异质性。

为了反映这种策略性的社交学习行为，我们指定其他运营商的质量信号如下：

$$S_{ia}^t \sim N\left(Q_{ia} + \delta z_j, \exp\left(\alpha_0 + \frac{\alpha^1}{D_{ij}}\right)\right) \tag{10.13}$$

类似于从自己的经验中学习——公式 10.9 和公式 10.10，这就产生了一个递归贝叶斯学习过程。

最后，我们按照 Pakes 等人[37]的观点对网络效应建模，我们让 Net_{it} 表示个体 i 在每个周期开始时的网络规模，让 NSW_{it} 表示在时间段 t 转网的联系人数量（在客户决定时未知）。为了计算模型中的 VC（.），我们需要形成客户对在当前状态变量条件下转网的联系人可能数量的预期。这些预期生成概率分布 $P(NSW_{it}|Net_{it}, X_{it})$。模型要求 $P(NSW_{it}|Net_{it}, X_{it})$ 与联系人的行为保持一致以达到均衡。也就是说，客户具有理性的预期。我们使

$$Net_{it}^e = Net_{it} - NSW_{it}^e = Net_{it} - \int NSW_{it}\, dP(NSW_{it} \mid Net_{it}, X_{it}) \tag{10.14}$$

其中，Net_{it}^e 和 NSW_{it}^e 表示基于当前状态的期望。

10.3.4 模型估计

我们使用两步动态规划算法求解模型，即假设客户具有前瞻性，并通过最大化从那

一天起获得的总效来决定是否在每个周期都留在同一服务运营商。直接在我们的背景下实施 Bajari 等人使用的方法 [41] 是不可行的，因为服务质量是未被观察到的，这使我们无法估计转移概率和个人的策略函数。因此，我们的方法使用了两步模型的思想 [37,41,42]，但把第一步嵌入了嵌套定点算法中。换句话说，我们不是在第一步时估计谁转网，而是估计有多少人转网。基于我们定义的符号，我们首先对每个个体估计 NSW_{it}^e。然后根据 NSW_{it}^e，再计算网络大小。这样就可以模拟 S_{ift} 和 S_{iat} 运营商质量信号了。

在均衡状态下，网络规模变化的预测值必须与实际观测值相一致。我们提出的估计方法包括两个步骤。第一步，估计每个人的 NSW_{it}^e。在数据探索过程中，我们假设 NSW_{it}^e 可以近似为一个基于 Net_{it} 和 X_t 的多项式（$\mathrm{NSW}_{it}^e = 0, 1, 2$）的逻辑模型。因为客户的期望值必须与现实的平均值一致，所以这些估计将收敛到转网邻居数量的真正期望值。第二步，将 NSW_{it}^e 的估计视为已知，并通过在周期开始时的网络规模中减去这个数字来计算网络规模。

接下来，使用 Keane 和 Wolpin[43]（参见文献 [38]）所用的近似方法估计结构参数。因为研究人员无法观察到信号 S_{ift} 和 S_{iat}，所以我们使用仿真方法对它们进行整合。因此，模拟的似然如下：根据公式 10.11，结合参数 I（表示个人的数量）和 S（表示模拟的数量），我们得到

$$\prod_{i=1}^{I}\left(\frac{1}{S}\sum_{s=1}^{s}\prod_{t} P\left(d_{if}\mid I_{it}^s\right)\right) = \prod_{i=1}^{I}\left(\frac{1}{S}\sum_{s=1}^{s}\prod_{t}\frac{\exp\left(V_{d_{it}}\left(I_t\right)\right)}{\exp\left(V_1\left(I_t\right)\right)+\exp\left(V_0\left(I_t\right)\right)}\right) \quad (10.15)$$

我们使用 S=7500 进行仿真，使用 Berndt-Hall-Hall-Hausman 方法近似 Hessian 矩阵。最后，对整个参数进行估计。

10.4 结　　果

表 10.1 报告了所提出的动态结构模型的参数估计，对真实质量分布参数点的估计表明，在不同客户之间，服务质量存在显著的异质性。注意，实际上 μ_f 捕获了当前运营商和备选运营商平均质量的差距。相对平均服务质量估计值（0.242; s.e. 0.020）表明，关注运营商的平均服务质量高于备选运营商的。真实服务质量标准差的估计值 $\sigma_{\mu f}$（1.154; s.e.0.067）很大，这表明服务质量存在较大差异。质量信号的标准差 σ_f（1.141; s.e.0.019）

用来衡量客户因为从自己的使用经验中学习从而对真实服务质量的不确定性下降的速度
有多快。

表 10.1　模型对照

参　　数	提出的模型（标准差 s.e.）
相对价值 θ_1	−0.506**(0.295)
套餐分钟 θ_2	0.164**(0.032)
家庭 θ_3	0.118(0.152)
男性 θ_4	0.572**(0.158)
年龄 θ_5	0.300**(0.056)
网络 λ	0.080**(0.034)
μf	0.242**(0.020)
$\sigma \mu f$	1.154**(0.067)
σf	1.141**(0.019)
S^t_{ia} 中 a_1 方差	−1.019**(0.032)
S^t_{ia} 中 a_2 方差	0.365**(0.115)
风险规模 r	0.977**(0.032)
忠诚度 δ	1.052**(0.013)
样本规模	1885
LL	−223.998
BIC	546.038

注：** 是省略精度。

δ 是显著正估计值（1.052; s.e.0.013），表明从一个更忠诚的转网者那里得到的信号
比从一个不那么忠诚的客户那里得到的信号解释得更正面。α_1 是显著的正符号（0.365; s.e.
0.013），表明已转网联系人与个体之间的关系更紧密则接收信号的噪声较少。

估计的结果基本合理。个体对从联系人获得的信息的看法取决于联系人的特质及其
与联系人的关系。如果联系人曾经忠诚于关注运营商，但最终转网了，那么这个联系人
获得的关于备选运营商的信息将被认为是更正面的。客户可能会怀疑联系人一定对备选
运营商拥有他所没有的非常正面的信息，从而导致联系人决定更换运营商。很自然，人
们会更信任从其亲密联系人获得的信息。因此，社交学习过程因信息来源不同而不同，
并且我们的结果证明了这一点。

对网内 / 网外价格的负估值（−0.506; s.e.0.295; p-value=0.077）表示较大价差 （即
一个较小的数字）会导致客户留下的可能性更大。此外，基于估计结果，增加分钟数和

家庭套餐都是留住客户的有效策略。网络效应的估计值 λ（0.080；s.e. 0.034）是正的且显著的，这说明除了社交学习之外，朋友的行为直接影响客户留网的可能性。

参 考 文 献

[1] More than One-Quarter of Wireless Subscribers Switched to Their Current Carrier to Gain Better Network Coverage. (January 16, 2007). Retrieved from https://www.comscore.com/ Insights/Press-Releases/2007/01/Wireless-Subscribers-Switch-Carriers.

[2] Richter, Yossi, Elad Yom-Tov, and Noam Slonim (2010), "Predicting customer churn in mobile networks through analysis of social groups." SDM, 732–741.

[3] Christakis, Nicholas A, James H Fowler. 2007. The spread of obesity in a large social network over 32 years. New England journal of medicine, 357(4), 370–379.

[4] Dasgupta, Koustuv, Rahul Singh, Balaji Viswanathan, et al. (2008), "Social ties and their relevance to churn in mobile telecom networks." EDBT'08: Proceedings of the 11th International Conference on Extending Database Technology, 668–677.

[5] Aral, Sinan, and Dylan Walker (2014), "Tie strength, embeddedness, and social influence: A large-scale networked experiment." Management Science 60, no. 6: 1352–1370.

[6] Van den Bulte, Christophe, and Gary L. Lilien (2001), "Medical innovation revisited: Social contagion versus marketing effort." American Journal of Sociology 106, no. 5: 1409–1435.

[7] Van den Bulte, Christophe, and Stefan Stremersch (2004), "Social contagion and income heterogeneity in new product diffusion: A meta-analytic test." Marketing Science 23, no. 4: 530–544.

[8] Van den Bulte, Christophe, and Yogesh V. Joshi (2007), "New product diffusion with influential and imitators." Marketing Science 26, no. 3: 400–421.

[9] Manchanda, Puneet, Ying Xie, and Nara Youn (2008), "The role of targeted communication and contagion in product adoption." Marketing Science, 27, no. 6: 961–976.

[10] Iyengar, Raghuram, Christophe Van den Bulte, and Thomas W. Valente (2011), "Opinion leadership and social contagion in new product diffusion." Marketing Science 30, no. 2: 195–212.

[11] Iyengar, Raghuram, Christophe Van den Bulte, and Jae Young Lee (2015), "Social contagion in new

product trial and repeat." Marketing Science 34, no. 3: 408–429.

[12] Easley, David, and Jon Kleinberg (2010), Networks, crowds, and markets: Reasoning about a highly connected world. Cambridge, U.K.: Cambridge University Press.

[13] Moretti, Enrico (2011), "Social learning and peer effects in consumption: Evidence from movie sales." The Review of Economic Studies 78, no. 1: 356–393.

[14] Chandrasekhar, Arun, Horacio Larreguy, and Juan Pablo Xandri (2012), "Testing models of social learning on networks: Evidence from a framed field experiment." Work. Pap., Mass. Inst.Technol., Cambridge, MA.

[15] Zhang, Juanjuan (2010), "The sound of silence: Observational learning in the US kidney market." Marketing Science 29, no. 2: 315–335.

[16] Cai, Hongbin, Yuyu Chen, and Hanming Fang (2009), "Observational learning: Evidence from a randomized natural field experiment." American Economic Review 99, no. 3: 864–882.

[17] Katz, Michael, and Carl Shapiro (1985), "Network externalities, competition and compatibility," The American Economic Review, 75, no. 3: 424–440.

[18] Ching, Andrew T. (2010), "Consumer learning and heterogeneity: Dynamics of demand for prescription drugs after patent expiration." International Journal of Industrial Organization 28, no. 6: 619–638.

[19] Narayan, Vishal, Vithala R. Rao, and Carolyne Saunders (2011), "How peer influence affects attribute preferences: a Bayesian updating mechanism." Marketing Science 30, no. 2: 368–384.

[20] Chan, Tat, Chakravarthi Narasimhan, and Ying Xie (2013), "Treatment effectiveness and side effects: A model of physician learning." Management Science 59, no. 6: 1309–1325.

[21] Chintagunta, Pradeep K., Renna Jiang, and Ginger Z. Jin (2009), "Information, learning, and drug diffusion: The case of Cox-2 inhibitors." QME 7, no. 4: 399–443.

[22] Zhao, Yi, Sha Yang, Vishal Narayan, and Ying Zhao (2013), "Modeling consumer learning from online product reviews." Marketing Science 32, no. 1: 153–169.

[23] Jackson, Matthew O (2008), Social and economic networks. Vol. 3. Princeton, N.J.: Princeton University Press.

[24] Mobius, Markus, and Tanya Rosenblat (2014), "Social learning in economics." Annual Reviews of Economics 6, no. 1: 827–847.

[25] Goldenberg, Jacob, Barak Libai, and Eitan Muller (2010), "The chilling effects of network externalities."

International Journal of Research in Marketing 27, no. 1: 4–15.

[26] Tucker, Catherine (2008), "Identifying formal and informal influence in technology adoption with network externalities." Management Science 54, no. 12: 2024–2038.

[27] Ryan, Stephen P., and Catherine Tucker (2012), "Heterogeneity and the dynamics of technology adoption." Quantitative Marketing and Economics 10, no. 1: 63–109.

[28] Goolsbee, Austan, and Peter Klenow (2002), "Evidence on learning and network externalities in the diffusion of home computers," Journal of Law and Economics, 45, no. 2: 317–343.

[29] Iyengar, Raghuram, Asim Ansari, and Sunil Gupta (2007), "A model of consumer learning for service quality and usage," Journal of Marketing Research, 44, no. 4: 529–544.

[30] Eagle, Nathan, Alex Sandy Pentland, David Lazer. 2009. Inferring friendship network structure by using mobile phone data. Proceedings of the National Academy of Sciences, 106 (36), 15274–15278.

[31] Chen, Xinlei, Yuxin Chen, Ping Xiao. 2013. The impact of sampling and network topology on the estimation of social intercorrelations. Journal of Marketing Research, 50(1), 95–110.

[32] Blondel, Vincent D, Jean-Loup Guillaume, Renaud Lambiotte, Etienne Lefebvre. 2008. Fast unfolding of communities in large networks. Journal of statistical mechanics: theory and experiment, 2008(10), P10008.

[33] Godinho de Matos, Miguel, Pedro Ferreira, David Krackhardt. 2014. Peer influence in the diffusion of the iphone 3g over a large social network. Management Information Systems Quarterly (Forthcoming).

[34] Newman, Mark EJ, Michelle Girvan. 2004. Finding and evaluating community structure in networks. Physical review E, 69(2), 026113.

[35] Erdem, T. and M. P. Keane (1996), "Decision-making under uncertainty: Capturing dynamic brand choice processes in turbulent consumer goods markets." Marketing Science 15:1–20.

[36] Lemon, Katherine, Tiffany White, and Russell Winer (2002), "Dynamic customer relationship management: Incorporating future considerations into the service retention decision," Journal of Marketing, 66(1): 1–14.

[37] Pakes, Ariel, Michael Ostrovsky, and Steven Berry (2007), "Simple estimators for the parameters of discrete dynamic games (with entry/exit examples)," RAND Journal of Economics, 38, no. 2: 373–399.

[38] Crawford, G. S., and M. Shum (2005), "Uncertainty and learning in pharmaceutical demand." Econometrica, 73:1137–1173.

[39] Dunne, Timothy, Shawn D. Klimek, Mark J. Roberts, and Daniel Yi Xu (2013), "Entry, exit, and the determinants of market structure." The RAND Journal of Economics 44, no. 3: 462–487.

[40] DeGroot, Morris H (2005), Optimal statistical decisions. Vol. 82. John Wiley & Sons.

[41] Bajari, Patrick, Lanier Benkard, and Jonathan Levin (2007), "Estimating dynamic models of imperfect competition." Econometrica 75, 1331–1370.

[42] Aguirregabiria, Victor, and Pedro Mira (2007), "Sequential estimation of dynamic discrete games." Econometrica, 78(2), 1–53.

[43] Keane, Michael P., and Kenneth I. Wolpin (1997), "The career decisions of young men." Journal of Political Economy, 105, no. 3: 473–522.

第 11 章
基于社交网络的精准营销

本章将展示当个体的网络信息可用时，即便是在样本外预测的情况下，我们依然可以利用网络结构的特征来大幅度提高针对客户行为的预测的有效性。然而，网络结构度量是由网络本身决定的。网络是个体社交互动的结果，而社交互动又是由个体特征决定的。因此，我们必须开发网络内客户行为的结构模型，以解决相关的内生性问题。

2014 年，约有 40 亿人（占世界人口的一半以上）拥有手机，人们花在手机上的时间比以往任何时候都多。平均而言，美国人每天花在移动设备上的时间为 177 分钟，而花在电视上的时间为 168 分钟（comScore 公司的 flurry 分析）。许多人使用手机与世界连接，特别是与其他个人连接。

随着移动终端逐渐占据主导地位，运营商和研究人员可以利用大量的移动数据来研究客户行为、社交网络，并最终研究两者之间的相互作用。这些数据集包含了个人层面的广泛信息，这些信息不仅与客户行为有关，还与社交网络有关。然而，以往大多数基于移动数据的研究并没有最大限度地利用这些数据，因为他们只关注客户特征及其与运营商的交互信息，如他们的套餐选择和服务使用 [1~4]。社交网络信息并未得到有效利用。

社交网络本质上是人和人之间社会交往的集中体现。在社交网络中，个体之间通过社交接触影响彼此行为。因此，社交网络汇总了社交互动的性质和模式，从而能够影响个体的行为。图 9.1 给出了相同城市两个相等规模的社交网络的图形，两图展现了网络中个体对某新事物的接纳程度。这两个网络使用相同的图形算法，一个网络呈现出紧致线团的网络结构；而另一个网络是"辐射形"结构。同一时间段内，在紧致模式中，有 24 个个体接受了新产品，而在"辐射形"模式中只有 10 个。两者差异的一个重要影响因素是社交网络结构。对社交网络中的个体行为建模有其特殊性，这是因为个体的内生性问题，即个体特征影响了对其联系人的选择从而影响了整个网络结构。

在本章中，我们提出了一种在社交网络环境中研究个体行为的建模方法。该模型解决了两个挑战，即网络结构的影响和网络形成的内生性，这两个挑战分别考虑了网络内行为和网络外行为。我们使用空间 Probit 回归模型对个体接纳新事物行为进行建模，该模型改编自经典的线性空间自回归（SAR）模型 [5～8]。模型假设网络结构将通过 3 个渠道影响个人接纳行为：①网络中的个体特征和位置（自身和情景效应）；②全局社交网络结构作为环境的影响（相关效应）；③同伴影响（内生效应）。有关这些网络效应渠道的更多讨论，请参阅 11.2 节。

在实证分析的基础上，我们提出了一种新的精准营销策略，称为基于社交网络的精准营销。传统上，我们基于个体特征将某些个体识别为目标客户（种子）。我们建议，在选择目标客户时，系统地考虑目标人物的雪球网络的社交网络结构信息也是很重要的。为了证明该策略的有效性，在 5 个月的采样期后，我们又收集新数据并将其与样本预测结果进行比较。通过比较个体的雪球网络（在我们的案例中为两层）中产品接纳数量的预测值和实际接纳数据，证明了我们的策略比业界常规做法的性能更优越。

以前使用移动数据的研究主要集中在两个不同的方向。一个研究方向使用自我网络策略来度量网络结构，主要研究个体在其局部网络中的位置如何影响行为和产品传播 [9～21]。个人位置反映了人们通过他们的人脉获取和传播信息的难易程度 [11,14]。个人网络位置的标准度量的例子包括中心性和集聚系数等。

另外一个研究方向是使用移动数据研究整个网络，并检查全局网络特征和个体行为之间的关系 [22～32]。在经济学和社会学领域中，全局社交网络结构长期以来被用来作为衡量一个群体社会资本的来源（参见文献 [33～38]）。在一个群体中，较高的社会资本在许多方面给其成员带来经济利益，包括较低的保护性转型成本、激发创新和人力资本的积累。因此，由于社会资本积累的变化，网络结构的变化会影响接纳行为。Coleman [34] 曾提出，社会资本最重要的来源是封闭的社交网络，封闭网络中的信息流通保持甚至提高了信息的质量。然而，Burt [35] 提出了相反的观点，认为社交网络中的"结构洞"或第三方中介位置（brokerage position）可能在信息传播和接纳新产品方面扮演着重要角色。因此，除了测量社交网络的闭合度外，我们还评估网络内部多样性的影响。

在本章中，我们要解决几个问题。首先，我们引入一种在社交网络中建立个体行为模型的通用方法。这种模型整合了局部网络结构和全局网络结构的信息，帮助我们更全面地理解社交网络结构如何影响个体行为。为了提高预测客户接纳行为的有效性，我们还提出了基于社交网络的精准营销策略，该模型把局部（基于自我网络）和全局（基于雪球网络）网络结构度量结合起来，对个体行为进行建模，我们将在下一章中详细介绍该模型。

我们的模型由两个联立方程组成。在"社交网络形成"方程中，采用 Hsieh 和 Lee[8] 的修正方法，并利用潜在空间模型修正社交网络内生性问题；在"结果"方程中，使用空间概率模型，该模型改编自经典的线性空间自回归模型（SAR）。在 SAR 模型中，我们将个体特征、情景效应、相关效应和同伴效应合并为社交网络结构效应。

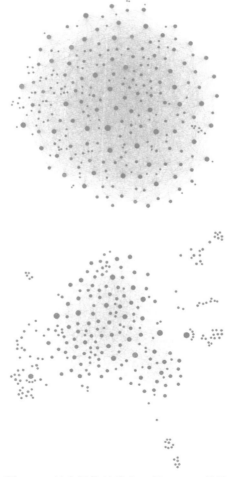

图 11.1　社交网络结构和三星 Note II 接纳

11.1　网络效应的渠道

正如在前面模型介绍中提到的，我们假设网络结构通过 3 个不同的渠道影响个体行为。其中两个渠道涉及外部影响，一个渠道涉及个体本身。第一种渠道是指网络中的个体特征和位置，包括他们自身的效应和情景效应，如客户的年龄和性别。个体在局部社交网络中的位置度量包括个体中心性和基于自我社交视角的个体聚集系数。自我网络策略是指从关注节点开始，然后向下追踪与关注节点直接连接的点。

网络效应的第二个渠道是将全局网络结构作为环境。这种全局网络结构度量包括诸如密度、全局集聚系数、特征值和个体中心性的熵等。最后一个渠道为测量来自同伴的影响，也称为内生效应，我们把同伴影响定义为个人从众行为的表现。在模型中，我们把同伴影响作为每个网络社区结构度量的函数的随机系数。如果同伴影响是正的，那么一个人倾向于和他 / 她的同伴有相似的行为，特别是当许多同伴表现出相同的行为时 [39]。

网络形态的内生性问题是对社交网络中客户行为建模的一个特有的重要因素。在查看电信数据时，经常会有一些未观察到的个体特征影响客户行为，这也可能影响联系人的选择。这些未观察到的因素可能导致对网络相关变量的偏差估计，如同伴影响和社交网络结构影响。如前所述，我们将同伴影响定义为个体从众的表现。为了解决这一问题并捕捉网络形成过程中未观察到的个体异质性，我们引入了一个网络形成模型，该模型遵循 Hsieh 和 Lee[8] 的潜在变量方法。我们的网络形成模型基于同类趋近 [40] 的概念，这表明彼此相似的个体更有可能相互连接。

在本研究中，我们将空间概率模型和网络形成模型结合成联立方程组。为了校正网络内生性，我们将网络形成方程中未观察到的潜在变量加入至空间概率模型的结果方程中（网络形成方程中使用的二元变量是自然的排他性约束条件，因为它们一般不会影响行为结果，并且已经在许多不同的应用场景中使用）。所提出的模型还允许根据研究背景包含临时排他性约束。

在研究具有相似行为个体的社区时，区分同伴效应和同质效应是非常重要的，因为采用相同产品的个体倾向于相互联系，从而形成社交网络。然而，要将这些影响区分开可能很困难。我们通过在结果模型中加入网络形成阶段来解决这个问题。由此产生的网络形成模型是一个潜在的空间模型，其中心思想是两个人之间观察到和没有观察到的特征距离越小，他们越有可能成为朋友。

11.2　社交网络数据处理

在本实例应用中，我们的模型被应用于亚洲某个运营商巨头的专用数据集，其数据基于两个中型城市。采集时间为 2012 年 10 月至 2013 年 5 月，与三星 Note Ⅱ 的发布时间相对应。取样期间，我们对三星 Note Ⅱ 的使用者采用了双层滚雪球取样方法。每个使用者均为关注种子，从整个城市的客户群中提取相关数据。由于采用滚雪球取样方法提取的网络存在重叠的可能性，我们进一步使用 Louvain 的社区构建法 [41] 从滚雪球样本中提取非重叠网络。与其他现有方法相比，该模型具有较高的效率，是分析来自电信公司的大数据集的理想选择。为了控制产品层面的异质性，并反映产品层次，我们在 3 个选择层面考察客户对三星手机的接纳程度：①三星 Note Ⅱ；②三星高端手机；③三星品牌手机（所有三星品牌手机）。这种三级层次结构允许我们观察估计值如何随产品定义而变化。

初步的实证分析为我们提供了一些值得注意的结果。第一，局部和全局网络结构度量均对网络内的手机接纳行为有显著影响。当网络结构效应没有得到适当控制时，其他变量的估计会出现偏差。第二，每种结构度量对不同的产品定义有不同的影响。第三，人群特征的相似性和未观察到的因素对社交网络的形成影响显著。然而，即使在校正了网络内生性后，对网络效应的估计与以前相比也只表现出轻微的差异。这说明社交网络的形成与接纳行为之间通过不可观察的变量所产生的相关性并不强。最后，在所有的度量中，全局集聚系数对行为的影响最大。因此，如果要选出一个且仅一个衡量全局网络最有效的度量方式，那就选全局集聚系数。

基于这些结果，我们提出了一个新的精准营销策略，我们称它为"基于社交网络的精准营销"。为了证明该策略的有效性，在采样期 5 个月后我们又收集了新的数据，与基于样本及我们的模型预测的 5 个月后的结果进行比较。我们证明了与业界常见做法相比，这一策略的性能更加优越。预测有效性的差异在三星 Note Ⅱ 的案例中表现得尤为突出。一个重要的原因是接纳行为数据非常少，这使得之前传统的预测方法都捉襟见肘。

11.3　建模策略问题

我们提出了一个在社交网络中对客户行为建模的实证方法，该模型旨在研究动态网络结构与同伴影响之间的关系。我们首先引入线性空间自回归（SAR）模型作为初始模型，该模型适用于二元选择决策，所得模型称为空间概率模型，它从同伴特征和内在同伴效应中获取个体自身特征与情景效应的影响。

接着，模型加入局部和全局网络效应。对于个体局部网络度量，我们考虑 3 个中心性度量：度、中介、特征向量，以及个体集聚系数。对于全局网络结构度量，包括网络规模、密度、全局集聚系数、同配性、最大特征值和最小特征值，以及基于度、中介和特征向量中心度的 3 个熵度量。这一系列度量并不全面，但这些度量都在不同领域（如社会学、经济学和流行病学）被分别提到或研究过，而尚未被放在一起研究，也没有实证结果的支持。在此，读者可以回忆一下 9.3 节描述的网络度量。

最后，模型需要处理网络形成的内生性，即"修正"经典模型的同质效应。我们的修正方法遵循文献 [8]，即在网络结构的内生效应上加入随机参数，利用潜在空间模型对模型进行调整。

11.3.1　线性空间自回归模式

假设基于社交手机互联信息，已经存在不同的社交网络。也就是说，在我们的模型环境下，每个人都属于一个预先指定的群体。设 $g=(1,\cdots,G)$ 表示群体的索引，每个群体 g 的大小为 m_g。对于每个相互连接的群体，每个个体都用 i 索引，并且每个个体仅属于一个群体。我们用 $y_{i,g}^*$ 表示行为结果，$Y_g^* = \left(y_{1,g}^*,\ldots,y_{m_g,g}^* \right)'$ 为群体 g 中 m_g 个结果变量的集合。群体 g 的网络用一个 $m_g \cdot m_g$ 的邻接矩阵 W_g 表示，其中每个 (i,j) 元素 $w_{ij,\,g}$ 在客户 i 连接到客户 j 时等于 1，否则等于 0。对所有的 i，$w_{ii;g}=0$，并且假设矩阵 W_g 是对称的，即 $w_{ij;g}=w_{ji;g}$。

用 $x_{i;g}$ 表示客户的外生特征变量，它是 $\boldsymbol{R}^p$ 的向量，此向量包含了如个人的性别、年龄或当前智能手机的变量。我们同样定义 $\boldsymbol{X}_g = (\boldsymbol{x}_{1,g},\ldots,\boldsymbol{x}_{m_g,g})'$。

首先，我们介绍一下线性 SAR 模型及其对二元选择决策的适用性，然后讨论上述

提到的各种网络效应的扩展。$y_{i,g}^*$ 的标准 SAR 模型由下式给出:

$$y_{i,g}^* = \lambda \sum_{j \neq i}^{m_g} \frac{W_{ij;g}}{\sum_{j \neq i}^{m_g} W_{ij;g}} y_{j,g}^* + x_{i,g}\beta_1 + \sum_{j \neq i}^{m_g} \frac{W_{ij;g}}{\sum_{j \neq i}^{m_g} W_{ij;g}} x_{j,g}\beta_2 + \alpha_g + \varepsilon_{i;g} \tag{11.1}$$

在公式（11.1）中，系数 λ 用于捕捉内生（同伴）效应。正内生效应的存在可以触发乘数效应，促进行为在各网络连接中传播。系数 β_1 和 β_2 分别捕捉个体自身特征影响和来自同伴特征的情景效应影响。在传统的社交互动模型中，即线性均值模型中，默认个体与同类中的所有同伴（除了自己）互动，这为个体施加了同质的伙伴成分。由于缺乏个体变异性，线性均值模型可能无法区分内生效应和情景效应，这种情况被称为"反射问题"[42]。当将网络信息加入社会交互模型 SAR 时，Bramoulle 等人[6]表明，在公式（11.1）中，只要个体的同伴没有完全重叠，内生效应和情景效应是可以分别识别的。

除了反射问题，群体不可观测量导致的群体的相关性也会产生社交互动模型中的识别问题，这样的例子可以在学生之间受同伴的影响中看到。如果实证模型不能控制学校环境因素，如教室设施、教师素质等，内生效应的估值就会因误差项的相关性吸收学校的相关性而产生偏差[43～45]。为了解决这个问题，我们在公式（11.1）中指定一个群体特征影响 dg，它可以捕捉在群体 g 中未观测到的特征。个体误差项 $\varepsilon_{i;g}$ 应该与回归量不相关，遵循均值为 0、方差为 σ_ε^2 的正态分布。

在行为变量是 0 或 1 二元选择的情况下，例如，用 $y_{i,g}$ 表示产品接纳，我们可以用公式（11.1）中的 $y_{i,g}^*$ 来为接纳效用建模。通过指定 $y_{i,g}^*$ 和观测到 $y_{i,g}$ 之间的关系:

$$y_{i,g} = \begin{cases} 1 & y_{i,g}^* > 0 \\ 0 & \text{其他} \end{cases} \tag{11.2}$$

可以将线性 SAR 模型转化为空间概率模型。在估计方面，在空间概率模型下将 σ_ε^2 化为 1。

定义 $\widehat{W}_g$ 为行归一化的 W_g，$\varepsilon_g = (\varepsilon_{1,g}, \cdots, \varepsilon_{m_g,g})'$，$l$ 为大小为 m_g、元素为 1 的列矢量，Y_g^* 可以改写为以下矩阵形式:

$$Y_g^* = \lambda \widetilde{W}_g Y_g^* + X_g \beta_1 + \widetilde{W}_g X_g \beta_2 + \alpha_g 1 + \varepsilon_g \tag{11.3}$$

11.3.2   社交网络交互模型

为了对网络中的客户行为建模，我们扩展了 SAR 模型，在公式（11.3）中将局部网络效应（从自身角度）和全局网络效应以下列方式结合起来：首先，对于局部效应，我们将个体中心性度量和集聚系数等局部网络度量纳入个体自身特征 $x_{i,g}$ 及其同伴特征的变量中。其次，对于全局效应，我们指定一个全局网络特征的 L 维向量 $S=(S_{1,g},\cdots,S_{L,g})'$，其中 $S_{L,g}$ 表示密度、全局集聚系数和同配性等度量，然后在公式（11.1）用 R^k 的参数 $s_g\delta+v_g$ 代替 α_g，δ 是 R^k 中的系数，k 为全局网络效应特征的数量。通过构建，它反映了不同全局网络度量的相关效应。v_g 项是一个新的群体误差，它是一个与模型中所有其他的回归量不相关且方差为 σ_v^2 的随机效应。该方法类似于 Mundlak[46] 和 Chamberlain[47] 的相关随机效应。

最后，我们可以得到社交网络交互模型（对于 $g\in\{1,\cdots,G\}$，其中 $\widehat{W}_g$ 表示 W_g 的行归一化矩阵，1 表示元素为 1 的 $m_g\times 1$ 向量）：

$$Y_g^* = \lambda\widetilde{W}_g Y_g^* + X_g\beta_1 + \widetilde{W}_g X_g\beta_2 + (S_g\delta + v_g)\mathbf{1} + \varepsilon_g \tag{11.4}$$

$$y_{i,g} = 1 y_{i,g}^* > 0$$

11.3.3   内生同伴效应

本研究的另一个延伸是在内生同伴效应中引入群体异质性。我们考虑到全局网络结构不仅通过群体相关效应影响个体的接纳行为，而且在每个网络中调节内生同伴效应。因此，我们在模型中通过对内生效应指定一个随机参数，并将一个固定的 λ 变为 $\lambda_g = \lambda_0 + S_g k + u_g$ 来反映这个特性，其中 k 表示一个 $L\times 1$ 的系数向量，u_g 是一个均值为 0 且方差为 σ_u^2 的归一化随机扰动。给定以上扩展，我们用来捕获网络对客户行为影响的最终模型可以用以下向量 - 矩阵的形式表示（对于 $g\in\{1,\cdots,G\}$）：

$$Y_g^* = (\lambda_0 + S_g k + u_g)\widehat{W}_g Y_g^* + \alpha_0\mathbf{1} + X_g\beta_1 + \widehat{W}_g X_g\beta_2 + (S_g\delta + v_g)\mathbf{1} + \varepsilon_g \tag{11.5}$$

网络邻接矩阵 W_g 的内生性是社交网络行为建模过程中的一个挑战，因为它阻碍了从公式（11.5）中获得无偏参数估计。与可以通过群体相关效应来解决的群体异质性不同，这个问题源于同时影响接纳行为和朋友选择的未观察到的个体异质性。例如，个人对激情和新鲜事物的态度会影响他 / 她对朋友和行为的选择。当这些相关但未被注意的特点在模型中被忽略时，从网络构建的回归量就可能与误差项 ε_g 相关而内生化。为了修正这一因忽略的变量导致的估计偏差，我们遵循 Goldsmith-Pinkham 和 Imbens[48] 及 Hsieh 和 Lee[8] 的方法，即通过引入个体潜在变量 $z_{i,g}$ 来控制在网络连接形成模型和行为结果交互模型中未观测到的特征变量。该方法认为，只要在模型中控制了未观察到的个体特征，就可以解决网络内生性问题。

建立网络链路形成模型的核心是"同类趋近"[40] 的理念，即具有相似特征的个体更容易成为朋友。为了在模型中反映同类趋近，我们使用观测到的二元关系特征变量和个体间潜在变量的距离作为回归量。二元关系特征是通过虚拟变量或连续变量获取的，这些变量表示两个个体之间关于特定特征的相似性（或差异）。例如，如果两个个体性别相同，那么二元性别虚拟变量将是 1，否则为 0。Yang 和 Allenby[49] 曾使用相同的方法根据观察到的特征对客户偏好的依赖关系建模。潜在变量的距离反映未观测到的特征的同类趋近，个体之间未被观察到的特征差异越小，其就越有可能成为朋友。因此，用以下 Logit 概率模型来对连接形成建模：

$$P(w_{ij,g} \mid c_{ij,g}, z_{i,g}, z_{j,g}) = \left(\frac{\exp(\psi_{ij,g})}{1 + \exp(\psi_{ij,g})} \right)^{w_{ij,g}} \left(\frac{1}{1 + \exp(\psi_{ij,g})} \right)^{1-w_{ij,g}} \quad (11.6)$$

在公式（11.6）中，变量 $c_{ij,g}$ 是观测到的二元特征的 R 维向量；个人未被观测到的（潜在）变量 $z_{i,g}$ 假设是多维的，且 $|z_{id,g} - z_{jd,g}|$ 捕获个体（i,j）间第 d 个未被观测到特征的距离。因此，系数 $\{\eta_d\}_{d=\overline{1d}}$ 预计是负值。公式（11.6）的模型是统计学 [50] 中网络形成的"潜在空间"模型的变体。

联立式（11.6）和式（11.5），在公式（11.5）中引入潜在变量 $Z_g = \left(z_{1,g}, \cdots, z_{m_g,g} \right)'$ 来控制个体的不可观测性。我们最终得到了选择校正后的 SAR 模型（对于 $g \in \{1, \cdots, G\}$）：

$$\boldsymbol{Y}_g^* = (\lambda_0 + S_g k + u_g) \widehat{\boldsymbol{W}}_g \boldsymbol{Y}_g^* + 1_g \alpha_0 + \boldsymbol{X}_g \beta_1 + \widehat{\boldsymbol{W}}_g \boldsymbol{X}_g \beta_2 + \boldsymbol{Z}_g \rho + 1_g (S_g \delta + v_g) + \boldsymbol{\varepsilon}_g \quad (11.7)$$

其中，ε_g 遵循独立同分布 $N(0, Id_{m_g})$。公式（11.7）修正内生性偏差的方法与控制函数法（参见文献 [51] 的调查）和 Heckman[52] 中的选择模型在某些方面是一致的，赫克曼型（Heckman-type）选择校正方法的有效性依赖于结果和选择方程中的误差项假设，以及对外生变量的排他性约束。

在连接形成和结果 SAR 系统中，假设给定 $z_{i,g}$ 的 $\varepsilon_{i,g}$ 条件期望是线性的，并且 z_{ig} 服从正态分布[53]。因此，公式（11.5）中的 ε_g 可以在公式（11.7）分解为 $Z_g\rho+\varepsilon_g$。由于连接形成方程中可用的外生变量 Z_g 没有封闭形式的表达式，所以不能通过在第一步中先估计 Z_g 然后在第二步中将其插入公式（11.7）实现两步（有限信息似然）估计。因此，我们的模型估计是基于完全信息似然法来估计公式（11.6）和公式（11.7）的。

从理论上讲，在给定参数误差项假设的情况下，我们可以在不排除外生变量限制的情况下识别模型参数。然而，当误差项假设被移除时，排他性约束对于模型的识别是必不可少的，本书提出的模型允许包含临时排他性约束。同时，天然的排他性约束已经被嵌入到模型系统中用于连接形成模型，它就是外生的二元关系变量 $c_{ij,g}$。二元关系变量自然不会出现在结果交互模型中，因为只有个人特定的变量会影响个人行为，而不是个人与对方特征的差异性。因此，即使在特别的非参数排他性条件难以找到的研究环境中，我们所提出的方法仍然指出了一种使用参数条件来解决识别问题的方法。

11.4　发现与应用

11.4.1　结果的解释

详细的参数估计结果请参阅 Hu、Hsieh 和 Jia（2016）的原始论文。值得一提的是，虽然目前的连接形成模型解释了在社交网络形成过程中未观测到的个体异质性，但模型中仍然缺少两个特征。第一个特征是行为的同类趋近（homophily），即个体倾向于与行为相似的人交往。当前的模型旨在分析行为结果和网络形成的截面数据，因此很难区分同伴影响和行为的同类趋近[54]。Snijders 等人[55] 提出了另一种模型，其利用网络和行为的面板数据来区分同伴影响和同类趋近。然而，在 Snijders 的模型中，未观测到的同类趋近变得不可控。第二个被忽略的特性是连接之间的依赖关系，连接依赖的一个明显例子是友谊的传递性。具体来说，当个体 i 和 j 都是个体 k 的朋友时，i 和 j 也很可能是朋友。允许连接依赖关系会陡然使连接形成过程复杂化，因为公式 11.6 中的条件概率应该改变为 $P(w_{ij,g} \mid c_{ij,g}, z_{i,g}, z_{j,g}, W_{-ij,g})$，其中 $W_{-ij,g}$ 表示 W_g 中的除 $W_{ij,g}$ 之外的所有连接。

然而，由于一致性问题，通常不能直接由 $\prod_{i,j} P(w_{ij,g} | c_{ij,g}, z_{i,g}, z_{j,g}, W_{-ij,g})$ 计算 W_g 的联合概率，因此估计变得困难。在文献中，解释连接依赖关系的标准模型是指数随机图模型（ERGM）[56]。在过去的文献里，ERGMs 通常以一种机械的方式解释连接依赖，而不考虑个人的策略。因此，将这两个缺失的特征整合到当前的连接，形成模型公式（11.6）是我们在未来工作中将要探索的一个重要扩展方向。

11.4.2　基于社交网络的精准营销

正确找到目标客户并根据他们的需求定制产品，一直是市场营销的重点，许多公司很早就意识到为合适的客户提供合适的产品或服务的价值非比寻常。为达到此目标，这些公司会根据其个人特征（如年龄、性别、在网时间、地点等）构建的模型预测结果对其客户进行索引。客户通常被相应地排名，排名靠前的客户将更有可能成为接收促销和广告信息的目标。

客户的社交网络也可以为预测他们的行为提供许多重要线索。我们的研究展示了运营商可以利用社交网络信息更好地预测客户行为，并发起更有效的精准营销活动。为了验证我们的策略的有效性，我们收集了从 2013 年 10 ～ 12 月的一个新样本，比我们的原始样本晚 5 个月。我们的目的是用不同的方法进行样本外预测，并与客户真实的接纳行为对比，从而为实施更有效的精准营销策略提供一个最合适的工具。

我们的分析样本提取了 6227 个客户，其中部分客户与之前从某城市收集的原始样本有重叠。利用这些客户，运营商可以构建 6227 个双层雪球网络，并且根据其网络中预测的使用产品数量对用户进行排名。接下来，我们研究了 3 种独立的方法来预测接纳行为。第一种是基于目前商业界中最常用的预测技术，即 probit 模型。第二种方法也是基于 probit 概率模型，然而，我们增加了局部网络和全局网络结构度量的信息。第三种方法是基于我们提出的随机系数空间概率模型。在这项预测工作中，出于实用性的考量，我们没有像在估计中对全局网络度量那样进行严格控制。相反，我们只使用了全局集聚系数，因为该系数是促进接纳行为最重要的因素。

我们根据新抽样客户的值建模，并根据方程 11.2 预测 $y_{i,g}^{*}$ 的值和预测产品采纳情况。我们将个体网络中的预测采纳数量除以所有网络中的最大预测采纳数量（因此范围在 0

和 1 之间），用计算出来的分数来对客户进行排名。

在图 11.2 中绘制新样本中的实际接纳数和根据 3 个模型计算的客户得分。3 组数据从上到下分别代表三星 Note Ⅱ、三星高端手机和三星品牌手机的情况。在每组数据中，从左到右的 3 列分别表示 probit 概率模型、带有网络信息的 probit 概率模型和空间概率模型。如果预测是准确的，即客户的排名反映了实际接纳数量，散点图应该是正倾斜的（如果正确地缩放两个坐标轴，则图形呈 45°）直线。黑色突出的点代表基于每种预测方法排名前 20 的个体。

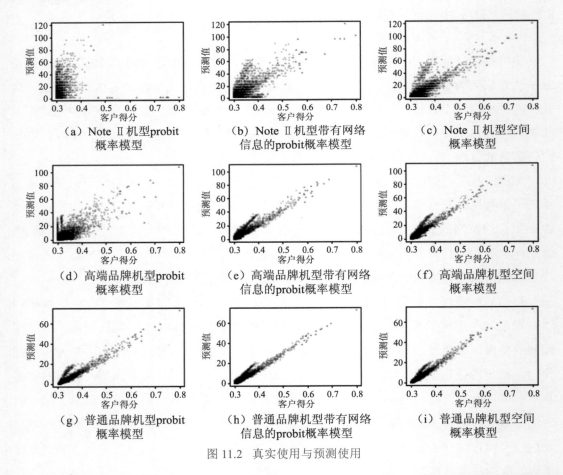

（a）Note Ⅱ 机型 probit 概率模型
（b）Note Ⅱ 机型带有网络信息的 probit 概率模型
（c）Note Ⅱ 机型空间概率模型

（d）高端品牌机型 probit 概率模型
（e）高端品牌机型带有网络信息的 probit 概率模型
（f）高端品牌机型空间概率模型

（g）普通品牌机型 probit 概率模型
（h）普通品牌机型带有网络信息的 probit 概率模型
（i）普通品牌机型空间概率模型

图 11.2　真实使用与预测使用

我们通过两种途径比较了 3 种不同方法的性能。首先，我们比较了模型间的预测有效性，发现如图 11.2（a）所示，接纳三星 Note Ⅱ 的模型预测差异最大。当实际接纳率较低且数据变化稀疏时，概率模型在 5 个月后无法进行预测，散布在 45°线上的点很

少。相反，带有网络信息的概率模型和空间概率模型效果不错，数据点几乎都落在 45°
直线上。结果表明，在预测模型中加入网络信息可以显著提高预测精准度。当接纳率增
加且数据变化不再稀疏时，概率模型的性能就会提高。扩展的概率模型由于增加了网络
结构信息仍然具有优越的性能，表明网络信息在减少预测误差方面是有用的。最后，我
们所提出的空间概率模型进一步降低了 3 组中的预测误差，甚至优于具有网络信息的概
率模型。

表 11.1　基于目标客户选择的网络

| Note Ⅱ | | | 高 端 机 型 | | | 普通品牌机型 | | |
probit	probit w/ net.	S-probit	probit	probit w/ net.	S-probit	probit	probit w/ net.	S-probit
4134	2	1	1	1	1	1	1	1
3765	1	3	17	2	2	2	2	2
3965	4	2	3	4	4	5	3	3
4066	3	4	2	5	6	3	4	5
3764	5	5	18	6	5	4	5	4
4133	22	6	300	3	3	10	6	6
3766	33	8	93	17	12	17	8	8
3394	17	15	4	12	7	6	10	15
3859	16	16	32	7	8	15	7	9
4135	172	20	86	13	13	7	15	10
4545	13	10	6	10	11	11	17	7
4415	15	21	7	21	10	16	9	12
3977	18	22	97	11	15	8	21	18
3914	109	31	24	31	21	13	12	11
4069	21	81	34	8	16	12	13	17
1	49	32	75	16	17	28	18	14
4008	62	33	84	15	31	21	11	16
4076	6	13	9	14	20	31	14	21
10	11	17	14	23	14	25	28	13
9	42	24	11	26	26	14	16	22

　　第二种途径，为了说明预测如何影响目标选择的有效性，我们在表 11.1 中列出了根
据 3 种预测方法进行排名的前 20 个目标客户列表。分配给个体网络的 ID 是基于真实数
据的排名。数字越小，排名越高，意味着我们在个人网络中观察到的接纳行为越多。因
此，目标列表应该只包含从 1 到 20 的数字。列表中这个范围内的数字越多，目标策略

就越有效。与图 11.2 一致，对于三星 Note Ⅱ 而言，概率模型的目标列表在 20 个目标中有 17 个没有命中。相比之下，具有网络信息的概率模型和我们所提出的空间概率模型仅遗漏了 5 ～ 6 个目标。随着接纳率的增加，概率模型的目标列表会得到改进，其他两种方法也是如此。

在本研究中，我们证明了：如果我们的营销策略依赖于精确的样本外预测，那么使用仅基于个体特征的简化模型，营销策略会非常敏感。对于实践者来说，也许使用我们在此提出的如此复杂的模型不太可行。然而，简单地增加社交网络信息也可以帮助公司显著提高预测准确性及策略的有效性。

参 考 文 献

[1] Iyengar, Raghuram, Asim Ansari, Sunil Gupta. 2007. A model of consumer learning for service quality and usage. Journal of Marketing Research, 44(4), 529–544.

[2] Grubb, Michael D. 2012. Dynamic nonlinear pricing: biased expectations, inattention, and bill shock. International Journal of Industrial Organization, 30(3), 287–290.

[3] Ascarza, Eva, Anja Lambrecht, Naufel Vilcassim. 2012. When talk is free: The effect of tariff structure on usage under two-and three-part tariffs. Journal of Marketing Research, 49 (6), 882–899.

[4] Gopalakrishnan, Arun, Raghuram Iyengar, Robert J Meyer. 2014. Consumer dynamic usage allocation and learning under multipart tariffs. Marketing Science, 34(1), 116–133.

[5] Lee, Lung-Fei. 2007. Identification and estimation of econometric models with group interactions, contextual factors and fixed effects. Journal of Econometrics, 140(2), 333–374.

[6] Bramoullé, Yann, Habiba Djebbari, Bernard Fortin. 2009. Identification of peer effects through social networks. Journal of econometrics, 150(1), 41–55.

[7] Lin, Xu. 2010. Identifying peer effects in student academic achievement by spatial autoregressive models with group unobservables. Journal of Labor Economics, 28(4), 825–860.

[8] Hsieh, Chih-Sheng, Lung-Fei Lee. 2016. A social interactions model with endogenous friendship formation and selectivity. Journal of Applied Econometrics, 31(2), 301–319.

[9] Hill, Shawndra, Foster Provost, Chris Volinsky. 2006. Network-based marketing: Identifying likely

adopters via consumer networks. Statistical Science, 256–276.

[10] Tucker, Catherine. 2008. Identifying formal and informal influence in technology adoption with network externalities. Management Science, 54(12), 2024–2038.

[11] Goldenberg, Jacob, Sangman Han, Donald R Lehmann, Jae Weon Hong. 2009. The role of hubs in the adoption process. Journal of Marketing, 73(2), 1–13.

[12] Nair, Harikesh S, Puneet Manchanda, Tulikaa Bhatia. 2010. Asymmetric social interactions in physician prescription behavior: The role of opinion leaders. Journal of Marketing Research, 47(5), 883–895.

[13] Trusov, Michael, Anand V Bodapati, Randolph E Bucklin. 2010. Determining influential users in internet social networks. Journal of Marketing Research, 47(4), 643–658.

[14] Stephen, Andrew T, Olivier Toubia. 2010. Deriving value from social commerce networks. Journal of marketing research, 47(2), 215–228.

[15] Hinz, Oliver, Bernd Skiera, Christian Barrot, Jan U Becker. 2011. Seeding strategies for viral marketing: An empirical comparison. Journal of Marketing, 75(6), 55–71.

[16] Katona, Zsolt, Peter Pal Zubcsek, Miklos Sarvary. 2011. Network effects and personal influences: The diffusion of an online social network. Journal of Marketing Research, 48(3), 425–443.

[17] Iyengar, Raghuram, Christophe Van den Bulte, Thomas W Valente. 2011. Opinion leadership and social contagion in new product diffusion. Marketing Science, 30(2), 195–212.

[18] Narayan, Vishal, Vithala R Rao, Carolyne Saunders. 2011. How peer influence affects attribute preferences: A bayesian updating mechanism. Marketing Science, 30(2), 368–384.

[19] Nitzan, Irit, Barak Libai. 2011. Social effects on customer retention. Journal of Marketing, 75(6), 24–38.

[20] Ugander, Johan, Lars Backstrom, Cameron Marlow, Jon Kleinberg. 2012. Structural diversity in social contagion. Proceedings of the National Academy of Sciences, 109(16), 5962–5966.

[21] Yoganarasimhan, Hema. 2012. Impact of social network structure on content propagation: A study using youtube data. Quantitative Marketing and Economics, 10(1), 111–150.

[22] Jackson, Matthew O., Leeat Yariv. 1996. Social networks and the diffusion of economic behavior. Yale Economic Review, 3(2), 42–47.

[23] Jackson, Matthew O, Brian W Rogers. 2007. Relating network structure to diffusion properties through stochastic dominance. The BE Journal of Theoretical Economics, 7(1).

[24] Bampo, Mauro, Michael T Ewing, Dineli R Mather, David Stewart, Mark Wallace. 2008. The effects of

the social structure of digital networks on viral marketing performance. Information Systems Research, 19(3), 273–290.

[25] Centola, Damon. 2010. The spread of behavior in an online social network experiment. Science, 329(5996), 1194–1197.

[26] Eagle, Nathan, Michael Macy, Rob Claxton. 2010. Network diversity and economic development. Science, 328(5981), 1029–1031.

[27] Dover, Yaniv, Jacob Goldenberg, Daniel Shapira. 2012. Network traces on penetration: Uncovering degree distribution from adoption data. Marketing Science, 31(4), 689–712.

[28] Libai, Barak, Eitan Muller, Renana Peres. 2013. Decomposing the value of word-of-mouth seeding programs: Acceleration versus expansion. Journal of marketing research, 50 (2), 161–176.

[29] Schlereth, Christian, Christian Barrot, Bernd Skiera, Carsten Takac. 2013. Optimal product sampling strategies in social networks: How many and whom to target? International Journal of Electronic Commerce, 18(1), 45–72.

[30] Peres, Renana. 2014. The impact of network characteristics on the diffusion of innovations. Physica A: Statistical Mechanics and its Applications, 402, 330–343.

[31] Aral, Sinan, Dylan Walker. 2014. Tie strength, embeddedness, and social influence: A largescale networked experiment. Management Science, 60(6), 1352–1370.

[32] Bramoullé, Yann, Rachel Kranton, Martin D'Amours. 2014. Strategic interaction and networks. The American Economic Review, 104(3), 898–930.

[33] Granovetter, Mark. 1985. Economic action and social structure: the problem of embeddedness. American journal of sociology, 481–510.

[34] Coleman, James S. 1988. Social capital in the creation of human capital. American journal of sociology, S95–S120.

[35] Burt, Ronald S. 1993. The social structure of competition. Explorations in economic sociology, 65: 103.

[36] Nahapiet, Janine, Sumantra Ghoshal. 1998. Social capital, intellectual capital, and the organizational advantage. Academy of management review, 23(2), 242–266.

[37] Glaeser, Edward L, David I Laibson, Jose A Scheinkman, Christine L Soutter. 2000. Measuring trust. Quarterly Journal of Economics, 811–846.

[38] Karlan, Dean, Markus Mobius, Tanya Rosenblat, Adam Szeidl. 2009. Trust and social collateral. The

Quarterly Journal of Economics, 124(3), 1307–1361.

[39] Young, H Peyton. 2009. Innovation diffusion in heterogeneous populations: Contagion, social influence, and social learning. The American economic review, 99(5), 1899–1924.

[40] Lazarsfeld, Paul F, Robert K Merton, et al. 1954. Friendship as a social process: A substantive and methodological analysis. Freedom and control in modern society, 18(1), 18–66.

[41] Blondel, Vincent D, Jean-Loup Guillaume, Renaud Lambiotte, Etienne Lefebvre. 2008. Fast unfolding of communities in large networks. Journal of statistical mechanics: theory and experiment, 2008(10), P10008.

[42] Manski, Charles F. 1993. Identification of endogenous social effects: The reflection problem. The review of economic studies, 60(3), 531–542.

[43] Hoxby, Caroline. 2000. Peer effects in the classroom: Learning from gender and race variation. Tech. rep., National Bureau of Economic Research.

[44] Hanushek, Eric A, John F Kain, Jacob M Markman, Steven G Rivkin. 2003. Does peer ability affect student achievement? Journal of applied econometrics, 18(5), 527–544.

[45] Fletcher, Jason M. 2010. Social interactions and smoking: Evidence using multiple student cohorts, instrumental variables, and school fixed effects. Health Economics, 19(4), 466–484.

[46] Mundlak, Yair. 1978. On the pooling of time series and cross section data. Econometrica: journal of the Econometric Society, 69–85.

[47] Chamberlain, Gary. 1982. Multivariate regression models for panel data. Journal of Econometrics, 18(1), 5–46.

[48] Goldsmith-Pinkham, Paul, Guido W Imbens. 2013. Social networks and the identification of peer effects. Journal of Business & Economic Statistics, 31(3), 253–264.

[49] Yang, Sha, Greg M Allenby. 2003. Modeling interdependent consumer preferences. Journal of Marketing Research, 40(3), 282–294.

[50] Hoff, Peter D, Adrian E Raftery, Mark S Handcock. 2002. Latent space approaches to social network analysis. Journal of the american Statistical association, 97(460), 1090–1098.

[51] Navarro, Salvador. 2008. Control functions. The new Palgrave dictionary of economics.

[52] Heckman, J. J. 1979. Sample selection bias as a specification error. Econometrica: Journal of the econometric society, 153–161.

[53] Olsen, Randall J. 1980. A least squares correction for selectivity bias. Econometrica: Journal of the

Econometric Society, 1815–1820.

[54] Hartmann, Wesley R, Puneet Manchanda, Harikesh Nair, Matthew Bothner, Peter Dodds, David Godes, Kartik Hosanagar, Catherine Tucker. 2008. Modeling social interactions: Identification, empirical methods and policy implications. Marketing letters, 19(3–4), 287–304.

[55] Snijders, Tom, Christian Steglich, Michael Schweinberger. 2007. Modeling the coevolution of networks and behavior. Han Oud Kees van Montfort, Albert Satorra, eds., Longitudinal models in the behavioral and related sciences. Lawrence Erlbaum, 41–71.

[56] Robins, Garry, Tom Snijders, Peng Wang, Mark Handcock, Philippa Pattison. 2007. Recent developments in exponential random graph (p*) models for social networks. Social networks, 29(2), 192–215.

第 12 章

社交影响和动态社交网络结构

在第 11 章中，我们讨论了社交影响是如何影响产品接纳行为的。在本章中，我们进一步研究社交网络结构与社交影响效应的相互作用，以促进产品的传播。社交影响在新产品传播过程中的作用常因它的乘数效应而被关注，这有助于促进产品的传播[1]。一些利用社交影响来制定营销策略的公司对社交影响效应尤为感兴趣。

个人行为常常涉及与其他人的互动，而这些互动最终形成了整个社交网络。然而，个人交互的结果很大程度上取决于整个社会的社交网络结构。Watt 和 Dodds[2] 发现，个人触发连锁反应的能力更多地取决于全局网络结构，而不是个人的影响程度。例如，具有多样性联系的社区往往比具有同质化联系的社区的经济发展得更好[3]。

在这项研究中，我们再次聚焦于特定的交互形式——社交影响。社交影响表现了一个人在采纳与伙伴相似的行为时的从众动机，特别是当同伴中的许多人都表现出某种行为时[4]。如前所述，个人的接纳行为并不会因为接触到其他接纳者而简单地发生改变，而是他们会假定伙伴的行为改变是理性的。从理论上讲，人脉广的个人更倾向于受到朋友的影响。因此，连接密集的社交网络结构会产生更大的社交影响，导致网络成员之间更强的行为传播。

因此，社交影响能够解释为什么网络位置（特征）在决定个人行为方面很重要。过去的研究大多使用网络结构度量来解释个人接纳决策的"结果"。而这里，我们主要关注的是产品网络传播的"过程"。理解网络结构与接纳行为的相关性背后的机制，有助于研究人员和企业更好地利用前人的研究成果，并制定更有效的营销策略。

对于数据采集，我们基于用户的话单（CDR）进行滚雪球采样。这种方法已证明可以保留网络的结构，并在恢复社会的相互关系方面表现良好[8]。我们使用基于随机行动者的动态网络模型（stochastic actor-based dynamic network model）来识别表现社交影响的网络。这里的难点还是区分社交影响和同类趋近。如前所述，社交影响是指同伴的接纳决策会影响个人决策，而同类趋近是指接纳同样产品的个人会倾向于彼此互相联系。

Aral[9] 等人曾提出用动态网络信息和倾向匹配来解决区分社交影响和同类趋近的问题。然而，这种方法并不是这项研究的最佳解决方案，因为它将全部用户视为一个单一的网络，这导致无法进行网络结构的比较。这种方法还受限于，在进行有效匹配时需要网络中的大量样本。另一种常用的工具变量法在处理内生性问题时也受到同样限制，即工具变量的有效性依赖于整个网络的变化。

基于随机行动者的动态网络模型解决了这个问题 [10～12]。该模型研究了网络形成和接纳行为的协同演化。使用面板网络信息数据，我们能够识别和量化社交影响效果。

最后，我们通过比较网络之间的结构差异，使用元回归分析（meta-regression analysis）方法来识别影响社交影响的因素。运用元回归分析方法，将网络结构特征与网络内社交影响的存在和大小联系起来。在研究社交影响因素时，我们提出表 12.1 所示的网络结构度量列表。我们将重点研究前面已经在经验上 [2,5～7] 或理论上 [13,14] 讨论过的度量上。这些度量中的一部分是基于节点位置（如初始接纳者的中心性）的微观层面的度量，而其余的则为提供了整个网络概括的宏观层面的度量。

表 12.1　网络方法

网络度量（用于操作问题）	问 题 解 答
网络规模和密度	大型网络与增强型网络连接，更有可能表现出社交影响力
网络结构的熵	在均匀分布的网络和由具有高中心性的一些节点主导的网络之间，其中的哪一个因素将促进扩散
边数随时间的标准偏差	网络动态性影响社交影响
聚类系数	如果一个人的朋友也是另一个人的朋友，那么他们对这个个人的影响是否更大
邻接矩阵的最小特征值	社交影响在某种程度上与社交网络游戏中的平衡概念有关
流行阈值与分类	具有社交影响的网络是否应成为病毒式营销的目标
向内与向外网络边缘的比率	不对称连接的局部集群如何影响社交影响
初始接纳者的程度中心性和特征向量中心性	不同位置的初始接纳者触发不同的进程

本次研究的数据来自某一线运营商，其客户基数大约为 1360 万。数据收集期（从 2012 年 10 月到 2013 年 5 月）与三星 Note Ⅱ 的发布时间相对应，数据来自两个中等城市。这些数据已经证明能够精确预测诸如友谊之类的认知结构。与第 11 章类似，我们考虑用 3 个选择级别来建立网络影响关系的结构视图：三星 Note Ⅱ、三星高端品牌手机、

三星普通品牌手机。

　　对于我们的抽样策略，我们首先识别 2012 年 11 月至 2013 年 5 月期间三星 Note Ⅱ 的接纳者，并将其作为每个社交网络的关注点。然后，我们进行两层滚雪球采样，以这 7 个月内直接与关注客户联系过的客户构成第一层，已经与第一层客户联系过的客户构成第二层。最终，我们从 1083 个社交网络中获得了 26000 个客户样本，平均网络规模为 110。根据每个个体在网络内的月度通话和短信记录，我们构建了 7 个从 2012 年 11 月至 2013 年 5 月间的随时间变化的月度网络邻接矩阵。在每个矩阵中，两个个体之间设置一条边（edge）以确定他们是否在同一个月内彼此通话或发送短信。因此，网络中的边都是没有方向的，并且得到的矩阵是对称的。我们基于累积的网络来测量网络统计数据，其中包含了采样周期内的所有边。

　　在我们的数据中，该运营商的三星手机有 83 种型号，其中 24 个型号被运营商标注为"高端"型号。三星手机的平均价格为 2522 元，实际价格范围为 199 ~ 10600 元，高端机型的平均价格为 4549 元。在新产品发布时，三星 Note Ⅱ 的售价为 5699 元，而 iPhone 4S 的售价为 4488 元。图 12.1 显示，在 2012 年 11 月，8 个人在三星手机发布后立即使用了三星 Note Ⅱ。到 2013 年 5 月，用户稳步增加到 1083 人。到那时候，我们的数据已经记录了 6678 个三星手机用户，其中一半用户使用了高端机型。总体上讲，网络边数随着时间的推移而不断增加。

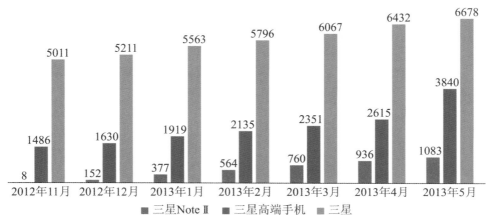

图 12.1　每月使用不同机型的人数（单位：人）

　　我们首先通过使用拟合的线性回归曲线图形化三星 Note Ⅱ 手机接纳率的数据，并进行了简单的实证数据分析。该图有助于研究网络结构度量与传播过程之间的关系。社交影响会促使网络内的社交乘数效应，在给定的时间周期内，具有社交影响的网络比没有社交影响的网络具有更高的"传播速度"。我们计算了最终接纳数量与初始接纳数量的差值，并除以时间周期数，用于表征传播速度的概念。在图中把它作为y轴，而不同的网络度量作为x轴，如图 12.2 所示。网络规模、密度、流行阈值、登录/退出比率、边数随时间的变化、同配性、多样性、初始接纳者的位置等网络度量都与传播速度有明显的方向关系。因此我们得出结论，产品传播过程与网络结构相关（值得注意的是，这些图表不是从正式的统计试验中获得的，而且由于其他混淆因素不受控制，所以结果是有偏差的）。

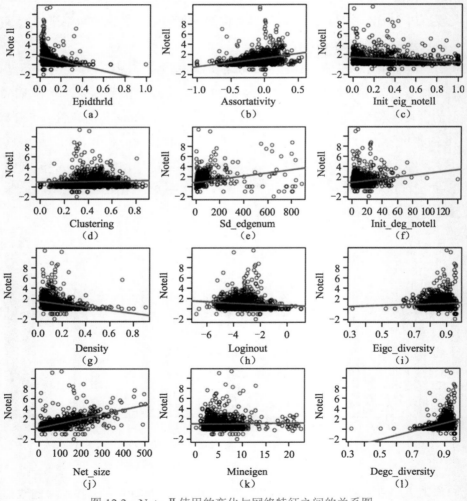

图 12.2　Note Ⅱ 使用的变化与网络特征之间的关系图

12.1　动　态　模　型

我们从个人行为的相关性可以推断出社交影响。社交影响可以通过区分它与同类趋近（即具有相似行为或特征的个体的内生性联系）而得到正确的度量。我们可以应用网络动力学的随机行动者模型 [10～12] 来解决这种内在关联性问题。该模型使用面板网络信息来估计网络形成和个人行为的共同演化。

12.1.1　连续时间马尔可夫模型假设

在电信数据中，研究人员在两个或多个离散时间点 $t \in \{t_1, \cdots, t_M \mid t_1 < \cdots < t_M\}$，观察 n 个人的网络中 g_t 的行为结果 $y_t = (y_{1t}, \cdots, y_{Ht})$，网络 g_t 由 $n \times n$ 邻接矩阵表示，如果行动者 i 连接到用户 j，则矩阵元素 $g_{ij,t}$ 等于 1，否则 $g_{ij,t}$ 等于 0。g_t 中的网络连接是无向的，因而 g_t 是对称的。每个 y_{ht} 是 $n \times 1$ 向量，元素 $y_{i,ht}$ 为二元变量，如果行动者 i 接纳了产品 h，则 $y_{i,ht}$ 等于 1，否则 $y_{i,ht}$ 等于 0。基于随机行动者模型将这些网络和行为结果视为一个连续时间马尔可夫过程的快照。模型假设，在任意两个离散时间点 t_m 和 t_{m+1} 之间的随机确定时刻发生了"微"步骤，在该"微"步骤中，个体可以改变他们的网络联系或行为。设 $Z_t = (g_t, y_t)$ 为状态变量；基于马尔可夫链性质，未来状态 $Z_{t+r}(r > 0)$ 的变化仅取决于当前的 Z_t 值。

此模型通过假设在给定的过程状态下个体的网络联系和行为有条件地彼此独立，提供了同类趋近效应和社交影响之间的因果解释。因此，网络联系和行为的共同演化可以分别分离为网络形成过程和社交影响过程。当一个过程发生时，另一个过程保持不变。模型还假设，每次只有网络联系和行为变量两者中的一个可以发生改变。这种假设消除了由个体的联合行动带来的复杂性。此外，每个网络联系或行为变量每次只能改变一个单位。这些假设允许变化以微小的步骤发生，从而在对网络和行为的共同演化研究过程中构建一个相对简单的马尔可夫过程。

该模型的核心是一种微观机制，在这种机制中，行动者基于个体的效用函数对网络联系和行为执行短视的改变。具有速率函数 $\lambda_{i,m}$ 的泊松过程决定行动者 i 应该在时间段 $t_m \leqslant t \leqslant t_{m+1}$ 中何时执行变化。为简单起见，假设在同一时间段（对所有的 i，$\lambda_{i,m}^{[g]} = \lambda_m^{[g]}$，且 $\lambda_{i,m}^{[y_h]} = \lambda_m^{[y_h]}$）所有 n 个成员改变网络联系或行为的速率函数是相同的。个体的效用函数由评价函数 $f_i(\beta, Z)$ 组成，该函数仅依赖于当前状态配置和来自 I 型极值分布的随机误差。行动者 i 调整一个网络连接（或一个行为）以优化其效用函数。如果调整网络连接，行动者 i 选择改变与行动者 j 的网络连接的概率（从 $g_{ij,t}$ 到 $1-g_{ij,t}$），采用二元 logit 形式：

$$
\begin{aligned}
&P(1-g_{ij,t}, g_{-ij}, t \mid Z_t) \\
&= \frac{\exp\left(f_i^{[g]}(\beta^{[g]}, 1-g_{ij,t}, g_{-ij,t}, y_t)\right)}{\exp\left(f_i^{[g]}(\beta^{[g]}, g_{ij,t}=1, g_{-ij,t}, y_t)\right) + \exp\left(f_i^{[g]}(\beta^{[g]}, g_{ij,t}=0, g_{-ij,t}, y_t)\right)}
\end{aligned}
\tag{12.1}
$$

其中，$g_{-ij,t}$ 代表 g_t，但不包括 $g_{ij,t}$。如果调整行为，改变行为变量 $y_{i,ht}$（从 $y_{i,ht}$ 变为 $1-y_{i,ht}$）的概率由以下公式得出：

$$
\begin{aligned}
&P(1-y_{i,ht}, y_{-i,ht} \mid Z_t) \\
&= \frac{\exp\left(f_i^{[y_h]}(\beta^{[y_h]}, 1-y_{i,ht}, y_{-i,ht}, g_t)\right)}{\exp\left(f_i^{[y_h]}(\beta^{[y_h]}, y_{i,ht}=1, y_{-i,ht}, g_t)\right) + \exp\left(\beta^{[y_h]}, y_{i,ht}=0, y_{-i,ht}, g_t)\right)}
\end{aligned}
\tag{12.2}
$$

其中，$y_{-i,ht}$ 代表 y_{ht}，但不包括 $y_{i,ht}$。这里我们考虑二元行为变量，即接纳与不接纳。在 Snijders 等人 [12] 的研究中，行为变量可以是多分类的。如果在这个连续时间内马尔可夫链中的状态变量 z 的平稳转移概率存在，那么它完全由转移强度矩阵进行描述：

$$
q(z, z') = \lim_{d_t \downarrow 0} \frac{P\left(z_{t+d_t}=z' \mid Z_t=z\right)}{d_t}
\tag{12.3}
$$

其中，z 和 z' 分别表示当前状态和下一个状态。确切地说，$q(z, z')$ 具有以下元素：

$$
q(z, z') = \begin{cases}
\lambda^{[g]} P\left(1-g_{ij}, g_{-ij} \mid Z\right) & z' = \left(1-g_{ij}, g_{-ij}, y\right) \\
\lambda^{[y_h]} P\left(1-y_{i,h}, y_{-i,h} \mid Z\right) & z' = \left(1-y_{i,h}, y_{-i,h}, g\right) \\
-\sum_i \left\{ \sum_{j \neq i} \lambda^{[g]} P\left(1-g_{ij}, g_{-ij} \mid Z\right) + \sum_h \lambda^{[y_h]} P\left(1-y_{i,h}, y_{-i,h} \mid Z\right) \right\} & z' = z \\
0 & \text{其他}
\end{cases}
\tag{12.4}
$$

在公式（12.1）和公式（12.2）中，我们假设，对于 $h=1,\cdots,H$：

$$
f_i^{[g]}\left(\beta^{[g]}, Z_t\right) = \sum_1 \beta_1^{[g]} s_{i1}^{[g]}\left(Z_t\right)
\tag{12.5}
$$

$$
f_i^{[y_h]}\left(\beta^{[y_h]}, Z_t\right) = \sum_1 \beta_1^{[y_h]} s_{i1}^{[y_h]}\left(Z_t\right)
\tag{12.6}
$$

分别用来描述网络联系和行为的评价函数。通过在评价函数中适当地选择 $s_{i1}^{[g]}(Z)$ 和 $s_{i1}^{y_h}(Z_t)$，基于随机行动者模型能够从网络结构和外生变量中捕捉到同类趋近效应、社交影响及其他效应。我们指定行为的评估函数中的"平均相似度效应"来捕捉社交影响，它表达了个体在效仿同伴行为时的从众动机，特别是当足够多的同伴以同样的方式行动时 [4,16,17]。对于行动者 i，行为 y_h 的平均相似度效应定义为

$$s_{i1}^{[y_h]}(Z) = g_{i+}^{-1} \sum_{j \neq i} g_{ij} \left(\operatorname{sim}_{ij}^{[y_h]} - \widehat{\operatorname{sim}}^{[y_h]} \right) \tag{12.7}$$

其中，$g_{i+} = \sum_{j \neq i} g_{ij}$，$\operatorname{sim}_{ij}^{[y_h]} - \widehat{\operatorname{sim}}^{[y_h]}$ 是 $\operatorname{sim}_{ij}^{[y_h]} = 1 - \left| y_{hi} - y_{hj} \right|$ 的集中相似度分数，$\widehat{\operatorname{sim}}^{[y_h]}$ 是所有行动者的相似度的均值，平均相似度效应的参数 $\beta_1^{[y_h]}$ 反映了社交影响效应的大小。行为 y_h 对网络连接的评价函数的同类趋近效应也可以用"相似度效应"来获得：

$$s_{i1}^{[g]}(Z) = \sum_{j \neq i} g_{ij} \left(\operatorname{sim}_{ij}^{[y_h]} - \widehat{\operatorname{sim}}^{[y_h]} \right) \tag{12.8}$$

12.1.2　模型估计与识别

基于随机行动者模型的似然函数可以与连续时间马尔可夫过程控制的概率结构相结合，用于估计速率函数和评估函数中的未知参数 $\theta(\lambda, \beta)$。然而，由此产生的似然函数没有一个封闭的形式，这导致实现最大似然（ML）或贝叶斯方法变得非常困难。因此，我们按照 Snijders [11] 和 Snijders 等人的方法 [12]，通过矩量法（Method of Moment，MoM）进行模型估计。设 $\boldsymbol{\mu}(Z)$ 表示状态变量 Z 的统计向量。通过求解弯矩方程来确定 MoM 估计量，在该方程中，样本统计的期望值和观测值彼此相似（即 $E_{\hat{\theta}}(\boldsymbol{\mu}(Z)) = \boldsymbol{\mu}(Z)$，其中 $\mu(Z)$ 表示观测样本个数）。考虑到样本统计量的期望值无法显式计算，将其替换为模拟样本的统计量的平均值。根据网络和行为变化的微步骤，通过调节 Z 的初始值来模拟任意两个网络观测的网络连接和行为的变化。矢量 $\boldsymbol{\mu}(Z)$ 与参数 θ 具有相同的维度，应选择合适的参数使得 $\boldsymbol{\mu}(Z)$ 中相应的元素灵敏地反映 θ 中每个分离参数的变化。$\boldsymbol{\mu}(Z)$ 所反映的网络连接和行为随时间的实质性变化，对于参数识别是必需的。速率参数（$\lambda_m^{[g]}$ 和 $\lambda_m^{y_h}$）仅影响 t_m 与 t_{m+1} 之间的泊松过程。因此，采用的弯矩方程如下：

$$E_\theta \left\{ \mu_m \left(Z_{t_m}, Z_{t_{m+1}} \right) \mid Z_{t_m} = z_{t_m} \right\} = \mu_m \left(z_{t_m}, Z_{t_{m+1}} \right) \tag{12.9}$$

为了估计 $\lambda_m^{[g]}$ 和 $\lambda_m^{[y_h]}$，方程 12.9 中的 $\mu_m \left(z_{t_m}, z_{t_{m+1}} \right)$ 的选择分别是 $\sum_{ij} \left| g_{ij,t_{m+1}} - g_{ij,t_m} \right|$ 和

$\sum_{ij} \left| y_{hi,t_{m+1}} - y_{hi,t_m} \right|$。评价函数中的参数 β 是常数，并出现在所有的统计量 $\mu_m \left(Z_{t_m}, Z_{t_{m+1}} \right)$ 中，其中，$m=1$，$\cdots$，$M-1$。因此，使用的弯矩方程是

$$\sum_{m=1}^{M-1} E_\theta \left\{ \mu_m \left(Z_{t_m}, Z_{t_{m+1}} \mid Z_{t_m} = z_{t_m} \right) \right\} = \sum_{m=1}^{M-1} \mu_m \left(z_{t_m}, z_{t_{m+1}} \right) \qquad （12.10）$$

基于方程（12.8）和方程（12.7）中的 $\sum_{i=1}^{n} S_{i1}(Z)$ 和 $S_{i1}(Z)$，样本统计量用于估计 $\beta(g)$ 和 $\beta(y_n)$。增加 $\beta_1^{[g]}$（或 $\beta_1^{[y_h]}$）会对用户评价函数的相似度效应产生更大的影响，这导致形成连接（或接纳产品）的机会更高，并导致在后续时刻对所有行动者的更高相似性效应。虽然这两个样本统计量对 $\beta(g)$ 和 $\beta(y_n)$ 的变化响应良好，但它们是完全多元线性的，并产生了两个完全相同的弯矩方程。为了避免识别不足，我们按照 Snijders 等人[12] 的方法，利用了因果关系概念和变量的时间顺序。同类趋近效应反映为由行为的早期结构而导致的网络连接中的"后期"变化；而社交影响效应则反映为由网络连接的"早期"结构导致的行为上的"后期"变化。网络形成的同类趋近效应使用以下样本统计量估计：

$$\mu_m \left(Z_m, Z_{m+1} \right) = \sum_i s_{i1}^{[g]} \left(g_{t_{m+1}}, y_{t_m} \right) \qquad （12.11）$$

行为 y_h 的社交影响效应使用下式估计：

$$\mu_m \left(Z_m, Z_{m+1} \right) = \sum_i s_{i1}^{[y_h]} \left(y_{h,t_{m+1}}, y_{-h,t_m}, g_{t_m} \right) \qquad （12.12）$$

其中，y_{-h,t_m} 表示 y_{t_m}，但不包括 y_{h,t_m}。当获得 MoM 估计量 $\hat{\theta}$ 时，使用 Delta 方法来计算 $\hat{\theta}$ 的近似协方差矩阵。

12.1.3　网络结构对社交影响的多元分析

为了系统地评价大量网络样本的研究结果，我们使用元回归分析方法来识别网络结构和社交影响之间的联系。因变量既包括显著性的二元指标，也包括在 3 个选择层次上的社交影响对手机接纳行为的影响程度。我们利用标准的二元概率模型来研究社交影响是否存在的显著性指标。社交影响的程度表示社交影响效应的大小，使用随机效应元回归模型来研究，并纳入网络内和网络间的异质性。S_i 和 σ_i^2 表示根据网络样本 i 估计的社交影响效应和相应的方差。根据随机效应假设，来自样本 i 的真实社交影响效应 θ_i 服从

以线性预测量 $x_i\beta$ 为中心的正态分布：

$$S_i \mid \theta_i \sim N\left(\theta_i, \sigma_i^2\right), \theta_i^- N\left(x_i\beta, \tau_i^2\right) \tag{12.13}$$

其中，x_i 表示网络特征的向量。该模型可以重写为

$$S_i = x_i\beta + u_i + \varepsilon_i, u_i \sim N\left(0, \tau^2\right), \varepsilon_i^- N\left(0, \sigma^2\right) \tag{12.14}$$

加权最小二乘法用于估计未知斜率系数 β 和方程（12.14）中网络间的方差 τ^2；约束最大似然（REML）方法 [18] 用于估计 τ^2。

12.2 研究发现总结

我们有 3 个主要研究成果，归纳如下：第一，我们从手机接纳行为样本中估计了社交影响和同类趋近效应的影响，并研究了人口分布特征对社交影响在程度上和存在上的影响。关于接纳行为，在大约 1000 个社交网络中，6.0% 的社交网络表现出对接纳三星 Note Ⅱ 的社交影响，12.3% 的社交网络表现出对接纳三星高端手机的社交影响，10.2% 表现出对接纳三星品牌手机的社交影响。尽管三星品牌手机的接纳率高于三星高端手机，但我们发现高端手机的社交影响对接纳行为的影响更大。其原因是，社交影响是由接纳手机数量的变化来决定的，即决定因素是手机销量的增量变化而不是现有的存量。因此，绝对接纳率和社交影响之间没有单调的关系。

这些与常理相反的结果恰恰证明了当前分析的价值。在这 3 个行为案例中，我们发现社交影响的效果都是正向而且显著的。这种影响意味着，如果一个尚未接纳手机产品的人的所有朋友都已经接纳了某类产品，那么社交影响就会使这个人接纳该产品的机会增加 7.38 倍。这强调了网络信息的重要性。

第二个发现的重点是检查各种网络特征与社交影响之间的关系。我们发现，除了最小特征值和登录 / 退出比率外，所有的度量都是社交影响的重要预测指标。连接的多样性（网络结构熵）和边数随时间的变化是与社交影响效应相关的两个重要的网络度量，这表明均匀分布或扩展的网络具有较高的社交影响效应。而且，在不考虑选择层次的情况下，社交影响大多发生在节点数量较大和连接密度较高的网络中。第一级和第二级朋友的数量驱动着传播 [6]，我们的结果也证实了这个现象。最后，每个人的平均连接数较

高（低阈值）时，会使网络表现出更大的社交影响效应。当一个人脉好的个体与另一个人脉好的个体互动时，这一点尤其明显。初始接纳者的状态也显著地影响传播过程。

我们的第三个发现提供了企业在选择目标客户精准营销时的一些领悟洞察。社交影响效应似乎是一把"双刃剑"。更具体地说，当一个人已经与许多接纳者接触时，社交影响效应增加了该个体成为接纳者的可能性。然而，当个人在网络中只遇到少数几个接纳者时，社交影响效应反而降低了该个体成为接纳者的可能性。网络中具有社交影响的成员，也许会变得更不情愿去接受一个新模式，而更愿意去接受一个已被自己网络普遍接受的"主流模式"。因此，需要一定数量的接纳者来开启这一传播过程。因此，旨在增加三星 Note Ⅱ 接纳度的促销活动可能会因为社交影响的存在而遇到困难；这种促销活动反而会使个人更倾向于接纳三星品牌手机，特别是高端手机。在评价促销活动的播种策略的效果时，仅仅依赖于新产品的接纳率是不够的，其对相关品牌和类别产品的贡献也应给予相关的考虑。

12.2.1　随机行动者动态网络模型的估计结果

在随机行动者模型中，我们依靠网络连接和行为随时间的变化来识别速率并估计函数的参数。在某些不频繁变化的网络和行为中，模型的识别能力较弱，估计算法可能不会收敛。这个问题影响了接纳三星 Note Ⅱ 的行为变量，因为它在我们的抽样周期中只占 7%。我们把这 3 个接纳变量分离到 3 个模型中，以减小由一个行为变量对其他估计的社交影响效应的弱识别而导致的不收敛的连锁反应。我们独立地估计这 3 个模型。

图 12.3 提供了从基于随机行动者模型中估计的社交影响和同类趋近效应的散点图。散点图中的每个点表示来自一个网络样本的效果估计（水平轴）和相应的标准误差（垂直轴）。我们只包括了那些对社交影响效果收敛的网络，共留下 410 个三星 Note Ⅱ 网络、715 个三星高端型号网络和 791 个三星品牌网络。根据 10% 显著性水平的 t 比率，将这些网络划分为显著性点和非显著性点。图 12.3（a）显示，社交影响效应的收敛估计范围为 2.5 ～ 5。在 3 种行为案例中，社交影响效应的显著性均为正向，平均约为 2。如果一个人还没有接纳手机产品，而其所有朋友都已经接纳了该产品，那么社交影响就会使该个体接纳该产品的可能性比该个体不做任何改变的情况增加 exp（2）=7.38 倍。我们取图 12.3（a）中使用的同一组网络，图 12.3（b）给出了同类趋近效应的估计和标准误差。

散点图表明，同类趋近效应的收敛估计既可是正的，也可是负的。同类趋近效应的显著性估计没有特别的不同，范围由负到正。因此，我们不能得出确切的结论，声称手机接纳行为的同类趋近效应在网络形态中存在；也没有显著的数据显示个体会因为同样接纳三星 Note Ⅱ 而彼此成为朋友。

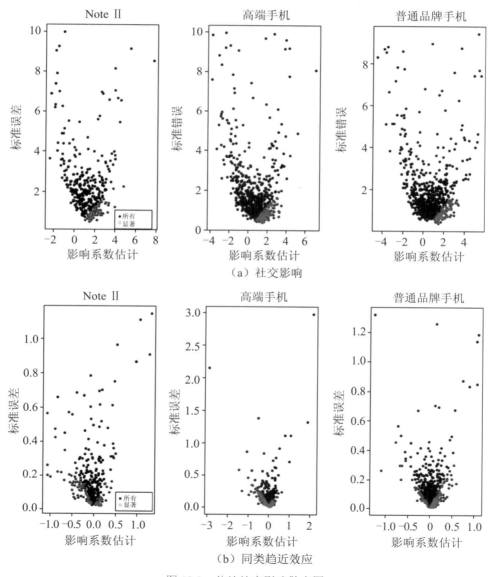

图 12.3　估计社交影响散点图

12.2.2　元回归分析结果

我们进行了元回归分析，以识别那些可以作为社交影响效应的预测指标的网络特征类型。如图 12.3 所示，在此分析中，我们采用那些对社交影响的估计收敛的网络样本。表 12.2 提供了回归中使用的变量的汇总统计数据。我们使用采样期间累积的网络来构造网络统计数据。在我们的网络样本中，性别比例（男性的百分比）约为 60%，客户的平均年龄为 37 岁，他们的平均在网时间为 33 个月。对于社交影响效应，在所有具有收敛结果的网络中：对三星 Note Ⅱ，13.6% 具有显著性估计，平均大小为 0.964；对于三星高端手机，16.2% 具有显著性估计，平均大小为 0.798；对于三星品牌手机，12.1% 具有显著性估计，平均大小为 0.820。虽然低级别选择层次上的接纳人数总是高于高级别选择层次上的接纳人数，但所估计的社交影响效应的显著性和大小并不与各选择层次保持相同的排列顺序。根据我们的识别策略，社交影响效应是由接纳行为随时间的变化（即"流量"的概念，而不是绝对接纳数量或"存量"）来确定的。图 12.1 显示，在采样期间，高端手机接纳量相对于整个三星品牌手机接纳量显著增加。因此，高端手机的接纳行为比整个三星品牌手机的接纳行为表现出更显著的社交影响效果。

在本研究中，我们遇到了多重共线性问题，因为纳入同一个回归模型的网络统计数据之间存在高度相关性。我们通过分离网络结构变量来解决此问题，每次在基准模型（其中网络大小和密度受控）中只添加一个网络结构变量来研究其效应。在不同的回归中区分网络特性，通过防止网络变量之间相关性而导致的相互混淆，我们提高了针对其影响的解释性。基准模型还控制客户的年龄、性别和在网时间，从而研究人口统计变量如何影响社交影响。

表 12.3 列出了基准模型的估算结果。客户的平均年龄对社交影响有负面影响，尤其是对于三星高端手机和整个三星品牌手机的接纳行为。换句话说，年轻人很可能会屈服于社交影响。客户在网时间对社交影响的效果仅限于接纳三星品牌手机的情况。性别比例一般对社交影响没有显著影响。网络的规模和密度对网络内社交影响的存在和大小有显著影响，且对 3 个层次的接纳行为有显著影响。我们这里的网络规模内生性地由滚雪球取样的两层所决定，同时结果也呼应了 Yoganarasimhan[6] 关于视频传播中的一级连通性和二级连通性的发现。在这项研究中，并没有观察到由产品接纳行为所驱动的普遍的同类趋近效应，这意味着个体之间不会仅仅因为拥有相同的手机而相互连接在一起。

表 12.4 给出了独立回归的结果。在所有社交影响程度的元回归中，τ^2 的 REML 估

计值均为 0（即没有网络间的异质性）。因此，这些结果可以解释为从加权最小二乘法得到的固定效应元回归估计，每个网络 i 的权重为 $1/\sigma i^2$。我们首先观察到了集聚系数对社交影响的效果。虽然对于三星 Note Ⅱ 的接纳行为，集聚系数对社交影响的影响效果是不明显的，但是对三星高端手机和三星品牌手机接纳行为的社交影响有正向显著的影响。这说明网络连接的封闭性对促进三星 Note Ⅱ 接纳行为的社交影响来说可能是不必要的。然而，如果个体的朋友彼此是朋友，那么其接纳的任何三星或三星高端智能手机的行为也会影响该个体接纳三星或三星高端智能手机。

网络矩阵的最小特征值捕获了网络放大代理行为的可替换性的程度 [14]。估计结果表明，绝对最小特征值不能在任何水平上预测手机接纳的社交影响。一种可能的解释是我们的网络样本与"两面"相差甚远，而这需要有一个很大的行动反弹。对于所有样本，流行阈值估计值均在 5% 的显著性水平上为负向显著，这意味着高（低）流行阈值会导致弱（强）社交影响。我们还考察了同配性效应（即所连接节点的度的关联规律）对社交行为的影响。对于高端手机和整个三星品牌手机的接纳行为来说，同配性系数的估计值是正向显著的；而对于三星的 Note Ⅱ 的接纳行为来说，其是非显著的。然后，我们研究了对数内向 / 外向边比率对社交影响的影响。对所有的案例所估计出来的对数内向 / 外向比率对社交影响的影响是正向非显著的；这一发现与 Young[13] 的理论预测一致，后者指出，相对于外向联系而言，局部簇中强大的内向联系促进了社交影响。以往的实证研究显示了与这种对接纳行为的效果相矛盾的结果。例如，Yoganarasimhan [6] 提出了一个负面的全局效果，而 Katona 等人 [5] 提出了积极的局部效果。因此，当我们着眼于过程时，这些效果是一致的，并且是非显著的。这些矛盾突出了当前分析的独特性，有助于我们更好地理解传播过程和网络结构。

表 12.2　元回归使用的变量列表

	Note Ⅱ		高端手机		普通品牌手机		并集	
	Mean	Std. Dev.	Mean	Std. Dev.	Mean	Std. Dev.	Min	Max
社交影响								
重要性	0.136	0.343	0.162	0.368	0.121	0.326	0.000	1.000
量级	0.964	3.461	0.798	2.825	0.820	2.953	−46.973	50.211
人口组成								
性别比例	0.606	0.149	0.621	0.136	0.619	0.141	0.000	1.000
年龄	37.728	3.302	37.740	3.326	37.705	3.205	21.373	59.933
使用期限	32.938	12.794	33.733	10.943	33.849	10.627	0.000	63.000

续表

	Note Ⅱ		高端手机		普通品牌手机		并集	
	Mean	Std. Dev.	Mean	Std. Dev.	Mean	Std. Dev.	Min	Max
网络测量								
网络大小	90.917	86.827	100.189	88.197	95.220	85.187	4.000	495.000
密度	0.154	0.101	0.143	0.108	0.141	0.103	0.017	0.900
簇系数	0.445	0.157	0.433	0.151	0.427	0.154	0.000	0.875
最小特征值	5.579	3.893	5.548	3.658	5.508	3.618	0.000	22.437
入出小区比例	−3.334	1.092	−3.331	1.078	−3.287	1.110	−5.979	0.587
流行阈值	0.105	0.077	0.104	0.079	0.106	0.077	0.009	0.500
同配性	−0.086	0.233	−0.098	0.227	−0.112	0.232	−1.000	0.551
度中心性多样性	0.899	0.038	0.897	0.039	0.895	0.040	0.700	0.969
特征向量中心性多样性	0.863	0.058	0.859	0.060	0.857	0.060	0.627	0.969
最初接纳者度中心性	10.591	13.072	10.341	9.515	8.762	8.590	0.000	139.000
最初接纳者特征向量中心性	0.321	0.282	0.321	0.212	0.276	0.163	0.000	1.000
小区边缘数字的最小偏差	66.821	139.354	62.240	135.585	52.783	118.475	0.756	882.283
取样大小	410		715		791		856	

注：最后一列是前 3 列的并集。

表 12.3　社交影响的元回归—基于网络大小和网络密度的基准案例

	三星 Note Ⅱ		三星高端手机		三星品牌手机	
	显著性	量级	显著性	量级	显著性	量级
网络大小	0.00827*** (8.17)	0.00154* (2.17)	0.00905*** (11.21)	0.00256*** (6.19)	0.00924*** (11.06)	0.00269*** (6.40)
密度	3.057*** (3.75)	3.866*** (3.42)	2.654*** (3.97)	5.118*** (7.39)	3.383*** (5.27)	4.785*** (7.46)
性别比例	0.430 (0.65)	1.029 (1.27)	0.530 (1.01)	0.210 (0.45)	0.530 (1.04)	0.166 (0.39)
年龄	0.000328 (0.01)	0.0365 (1.10)	0.0606* (2.58)	0.0404* (2.02)	0.0755** (3.01)	0.0507** (2.74)
使用期限	0.0168 (1.35)	0.00151 (0.12)	0.0113 (1.21)	0.00869 (1.24)	0.0238* (2.43)	0.00916 (1.27)
常量	2.876* (2.39)	1.487 (1.20)	0.306 (0.35)	2.008** (2.61)	0.500 (0.53)	1.402+ (1.94)
R^2	0.247	0.051	0.259	0.187	0.283	0.184
τ^2	—	0.00	—	0.00	—	0.00
观察值	410		715		791	

注：括号中的值是系数的 t 统计，变量显著性通过（随机）二元概率模型得出，变量幅度通过混合效应元回归模型得出。在 3 种情况下，网络间方差 r^2 的估计值均为 0。伪（调整后的）R^2 通过显著性（幅度）的因变量得出。+$p<0.10$，*$p<0.05$，**$p<0.01$，***$p<0.001$。

表 12.4　社交影响的元回归—独立回归的结果集合

	三星 Note II		三星高端手机		三星品牌手机	
	显著性	量级	显著性	量级	显著性	量级
簇系数	-0.175 (-0.23,0.247)	0.222 (0.28,0.049)	2.171** (3.25,0.276)	1.258** (3.79,0.202)	3.994** (5.29,0.337)	2.168** (7.37,0.236)
最小特征值	0.0212 (1.01,0.249)	-0.0074 (-0.50,0.049)	0.0212 (1.28,0.261)	0.0054 (0.65,0.187)	-0.0132 (-0.66,0.284)	-0.0031 (-0.35,0.184)
流行阈值	-7.437** (-3.22,0.263)	-5.872*** (-3.42,0.094)	-18.74** (-5.08,0.286)	-6.488*** (-5.40,0.254)	-8.581*** (-4.57,0.312)	-5.546*** (-5.26,0.239)
同配性	0.542 (1.12,0.250)	0.646 (1.24,0.055)	1.457*** (3.81,0.282)	0.860** (2.92,0.206)	1.579*** (4.12,0.312)	1.258*** (4.63,0.227)
入出小区比例	0.0130 (0.12,0.243)	0.0453 (0.39,0.049)	0.0319 (0.39,0.258)	0.0772 (1.16,0.190)	0.0481 (0.60,0.285)	0.0299 (0.51,0.189)
度中心性多样性	13.04** (3.78,0.294)	8.326* (2.50,0.073)	13.24*** (4.66,0.300)	7.230*** (3.70,0.218)	10.29*** (3.95,0.313)	7.269*** (4.10,0.217)
特征向量中心性多样性	5.117** (3.05,0.275)	2.683* (2.07,0.059)	3.149** (2.65,0.270)	1.816** (2.94,0.196)	2.055 (1.64,0.288)	0.562 (1.00,0.184)
最初接纳者度中心性	0.0113+ (1.89,0.257)	0.00478 (1.04,0.053)	0.0302** (3.82,0.282)	0.00593 (1.24,0.190)	0.0251** (2.86,0.297)	0.00941 (1.60,0.189)
最初接纳者特征向量中心性	-0.417 (-1.07,0.250)	-0.349 (-0.96,0.052)	-0.727 (-1.60,0.263)	-0.681+ (-1.92,0.195)	-2.080** (-3.07,0.299)	-1.556** (-3.17,0.204)
小区边缘数字的最小偏差	0.00213*** (3.61,0.286)	0.0023*** (5.03,0.105)	0.000475 (1.10,0.260)	0.0012** (4.93,0.213)	0.000509 (1.03,0.285)	0.0012** (3.67,0.197)
观察值	410		715		791	

注：表中的结果来自几个独立的回归，每个回归关注特定的网络统计。在所有的回归中，控制网络大小、网络密度和客户的人口统计信息。括号左侧的值是系数的 t 统计，右侧的值是回归的 R^2。$+p<0.10$，$*p<0.05$，$**p<0.01$，$***p<0.001$。

对于所有层面而言，基于度中心性的结构熵的估计系数在 5% 的显著水平上是正向显著的。基于特征向量中心性的结构熵的估计系数也是正向的，但仅对三星 Note Ⅱ 和高端品牌手机的接纳行为具有显著性。通过比较度中心性和特征向量中心性的差异，我们发现，在促进社交影响方面，局部连接的多样性比全局连接的多样性更为重要。初始接纳者的平均度中心性在 5% 的显著性水平上表现出对社交影响的正向显著性，这支持了我们的假设。可是，初始接纳者的平均特征向量中心性的影响在 5% 的显著性水平上是负向显著的。特征向量中心性表明节点连接者的重要性。如果初始接纳者具有较高的特征向量中心性，这意味着其被网络中的其他活跃个体包围，轮流使其影响力被边缘化。对于所有层面，边数的变化对社交影响都有正向影响，对三星 Note Ⅱ 的接纳行为尤其显著，但对于高端手机和所有三星品牌手机的接纳行为则不那么显著。边数的变化通常是正向的，因此，扩大网络规模更有可能表现出社交影响。

通过对所有这些网络统计数据的比较表明，根据效应的显著性和每个回归中的 R^2 得知：局部连接的多样性和边数的变化是促进社交影响的两个重要效应。因此，我们将这两个影响与网络规模和密度合并在一个额外的元回归中。这 4 种网络效应在大多数情况下保持正向显著。相对于表 12.3 中的基准模型，R^2 得到显著改进，特别是对三星 Note Ⅱ 接纳行为的社交影响程度。

12.2.3 策略模拟

在我们模型的策略模拟中，我们拟想了一种运营商依靠电信网络的社交影响来促进三星手机产品的接纳场景。第一步，公司为一些挑选出来的用户提供免费产品或价格折扣，这些初选用户在他们自己的社交网络中宣传产品，扩大产品接纳的社交影响。我们从样本中选择了两个真实的网络进行仿真。这两个网络（编号分别为 838 和 301）具有相似的大小，但特性不同。表 12.5、图 12.4 和图 12.5 表明，838 号网络的密度比 301 号更大，边数随时间的变化也较大。对这两种网络的仿真结果进行比较，为产品促销选择网络提供了有用的信息。

表 12.5　两种相似网络的网络特征

网络	301	838
社交影响		
Note Ⅱ	−10.6178（1018.51）	1.7964（0.7235）
高端手机	0.9671（0.6251）	1.8555（0.5839）
品牌手机	0.5409（0.6158）	1.2688（0.6621）
大小	329	330
密度	0.0354	0.1644
簇系数	0.3140	0.4560
最小特征值	−4.0110	−3.5233
小区边缘数字的最小偏差	60.3896	318.9021
流行阈值	0.0380	0.0111
同配性	0.0747	0.0287
度中心性多样性	0.9136	0.9436
特征向量中心性多样性	0.8422	0.9390
最初 Note Ⅱ 手机接纳者度中心性	21.000	31.400
最初高端手机接纳者度中心性	15.232	62.166
最初品牌手机接纳者度中心性	13.235	60.813
最初 Note Ⅱ 手机接纳者特征向量中心性	0.3533	0.2094
最初高端手机接纳者特征向量中心性	0.2099	0.3970
最初品牌手机接纳者特征向量中心性	0.1809	0.3894

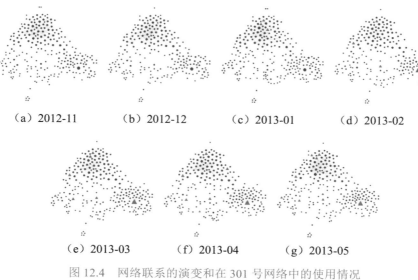

(a) 2012-11　　(b) 2012-12　　(c) 2013-01　　(d) 2013-02

(e) 2013-03　　(f) 2013-04　　(g) 2013-05

图 12.4　网络联系的演变和在 301 号网络中的使用情况

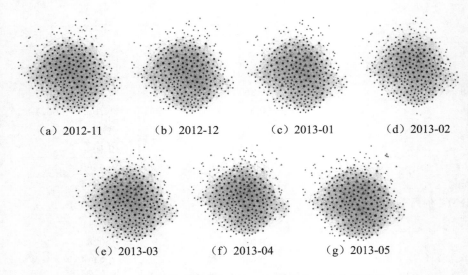

（a）2012-11　　（b）2012-12　　（c）2013-01　　（d）2013-02

（e）2013-03　　　　（f）2013-04　　　　（g）2013-05

图 12.5　网络联系的演变和在 838 号网络中的使用情况

　　仿真从在网络中选择初始接纳者的播种策略开始。考虑 3 种播种策略：纯随机的、针对具有高中心性的个体及具有高特征向量中心性的个体。仿真迭代了 500 轮。在每一轮 r 中（$r=1$，…，500），网络中的所有个体都有一次机会按照随机顺序改变其接纳状态。Logit 概率函数方程 12.2 确定个体是否从状态 0（非接纳者）改变为 1（接纳者），在这里我们给定常数项，它反映基线接纳率。在该逻辑概率函数中，社交影响效应由随机行动者模型估计的平均相似度效应来表示。838 号网络对全部 3 种三星手机选择级别均有显著的平均相似度效应，其系数分别为 1.796、1.855 和 1.228，301 号网络中的平均相似效应均不显著（见表 12.5）。因此，301 号网络中不存在社交影响。另外，一旦个体成为接纳者，其接纳状态将不再改变。仿真迭代了 100 次，图 12.6 显示了 3 个接纳选择的额外接纳者的平均数目（95% 置信区间），其中记录了随机播种和高点度中心性播种的结果，高特征向量中心度播种与高点度中心性播种的结果类似。

　　基于仿真结果，我们发现用相似度来表现的社交影响是一把双刃剑。当个体与多个接纳者接触时，相似度效应增加了其成为接纳者的可能性。然而，当个体在网络中只与少数几个接纳者接触时，相似度效应会阻止这个人成为接纳者。图 12.6 显示，当网络中只有 50 个最初的三星 Note Ⅱ 接纳者时，838 号网络中的社交影响效应阻碍了接纳行为，这导致其接纳人数低于 301 号网络（没有社交影响效果）的接纳人数。当三星 Note Ⅱ 在网络中只有 10 个初始接纳者时，这种差异甚至更明显。当初始接纳者的数量进一步增加到 100 人时，838 号网络最终获得了比 301 号网络更多的三星 Note Ⅱ 接纳者。

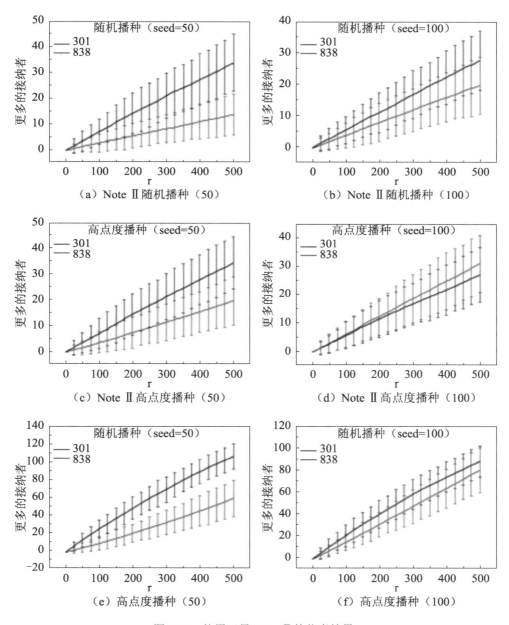

图 12.6　使用三星 Note Ⅱ 的仿真结果

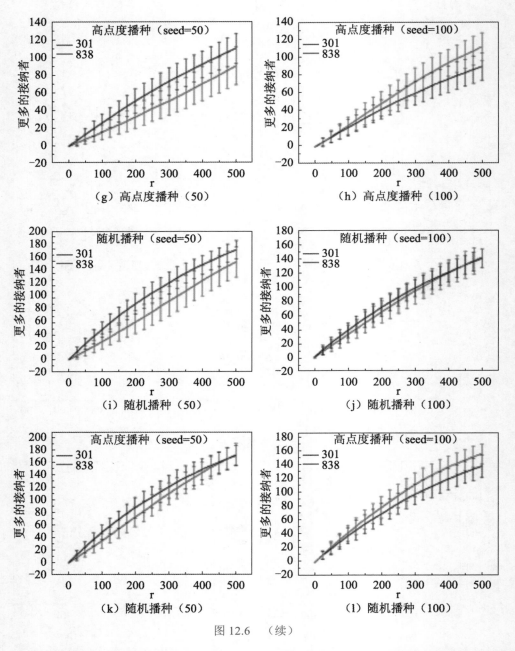

图 12.6 （续）

对不同播种策略的比较表明，选择具有高中心性的个体作为初始接纳者有效地促进了三星 Note Ⅱ 的接纳行为，而随机选择初始接纳者的做法在这 3 种播种策略中表现最差。

50 名最初的高端手机接纳者和 100 名整个三星品牌手机接纳者是合理的目标客户，因为他们接近真正的市场份额。在我们的样本中，三星手机的市场份额为 32.3%。我们观察到与三星 Note Ⅱ 接纳行为类似的模式；在一个有 100 个初始接纳者的组中，838 号社交网络比 301 号网络有更多的额外接纳者。总之，在具有社交影响的网络中，运营商很难增加三星 Note Ⅱ 的接纳者。然而，通过此促销活动，人们将更有可能接纳其他型号的三星手机，特别是高端手机。这种对接纳行为的交叉影响意味着在评估促销播种策略的有效性时，仅使用新产品的接纳率对其进行评估是不够的，还应考虑其对相关品牌和类别的贡献。

12.3 结　　论

在本章中，我们使用多种微观和宏观层面的网络度量研究了动态网络结构对社交影响的效果，为这方面的研究做出了贡献。首先，在不同的选择层次上，我们使用各种网络度量来理解传播过程，特别是社交影响。其次，我们提出应用一种新模型来分析网络形成和行为的共同演化，并观察社交影响效应。最后，我们的发现通过使用简单的网络结构度量来选择正确的局部网络作为播种策略的起点，为公司提供了进行口碑营销活动的新手段。

我们研究了三星智能手机在中国两个中等城市运营商的传播情况，基于随机行动者模型识别和测量了每个社交网络中的社交影响。比较网络的元分析揭示了两个重要的网络度量作为社交影响的主要驱动因素，即网络连接的多样性和边数随时间变化的标准偏差。也就是说，社交影响效应最可能发生在均匀分布或扩展的网络中。其他导致网络中出现社交影响的因素包括大网络规模、高密度、强封闭性、低流行阈值、高关联性及新产品引入时初始接纳者的高中心性。

策略模拟已经证明，社交影响力是一把双刃剑，在传播过程中需要一定数量的初始或已有接纳者来触发积极的社交影响。在大多数个体使用其他品牌手机的网络中，通过社交影响扩大三星 Note Ⅱ 的接纳人数肯定会很困难。因此，我们强调在引入新产品时选择正确网络的重要性。同时，在评估促销播种策略的有效性时，除了考虑新产品的接纳率外，还应考虑其对相关品牌和类别的贡献。

本研究成果为公司市场策略提供了新的视角，网络结构信息显著地补充了个人统计信息及局部位置的信息。在根据个人特征和网络位置选择正确的传播种子之前，必须根据一般网络结构选择正确的网络。这项研究的局限在于缺乏大量的数据。我们没有此运营商之外的其他个人移动网络的数据，这阻碍了我们在整个社交网络中获取社交影响的能力。如果有更详细的合约记录，考虑到不同个体的不同影响，存在扩大当前分析的可能性。

参 考 文 献

[1] Hartmann, W. R., Manchanda, P., Nair, H., Bothner, M., Dodds, P., Godes, D., Hosanagar, K.,and Tucker, C. (2008). Modeling social interactions: Identification, empirical methods and policy implications. Marketing letters, 19(3–4), 287–304.

[2] Watts, D. J. and Dodds, P. S. (2007). Influentials, networks, and public opinion formation.Journal of consumer research, 34(4), 441–458.

[3] Eagle, N., Macy, M., and Claxton, R. (2010). Network diversity and economic development.Science, 328(5981), 1029–1031.

[4] Young, H. P. (2009a). Innovation diffusion in heterogeneous populations: Contagion, social influence, and social learning. The American economic review, 99(5), 1899–1924.

[5] Katona, Z., Zubcsek, P. P., and Sarvary, M. (2011). Network effects and personal influences:The diffusion of an online social network. Journal of Marketing Research, 48(3), 425–443.

[6] Yoganarasimhan, H. (2012). Impact of social network structure on content propagation: A study using youtube data. Quantitative Marketing and Economics, 10(1), 111–150.

[7] Peres, R. (2014). The impact of network characteristics on the diffusion of innovations. Physica A: Statistical Mechanics and its Applications, 402, 330–343.

[8] Chen, X., Chen, Y., and Xiao, P. (2013). The impact of sampling and network topology on the estimation of social intercorrelations. Journal of Marketing Research, 50(1), 95–110.

[9] Aral, S., Muchnik, L., and Sundararajan, A. (2009). Distinguishing influence-based contagion from homophily-driven diffusion in dynamic networks. Proceedings of the National Academy of Sciences, 106(51), 21544–21549.

[10] Snijders, T. A. (1996). Stochastic actor-oriented models for network change. Journal of mathematical sociology, 21(1–2), 149–172.

[11] Snijders, T. A. (2001). The statistical evaluation of social network dynamics. Sociological methodology, 31(1), 361–395.

[12] Snijders, T., Steglich, C., and Schweinberger, M. (2007). Modeling the coevolution of networks and behavior. In H. O. Kees van Montfort and A. Satorra, editors, Longitudinal models in the behavioral and related sciences, pages 41–71. Lawrence Erlbaum.

[13] Young, H. P. (2011). The dynamics of social innovation. Proceedings of the National Academy of Sciences, 108(Supplement 4), 21285–21291.

[14] Bramoull'e, Y., Kranton, R., and D'Amours, M. (2014). Strategic interaction and networks. The American Economic Review, 104(3), 898–930.

[15] Eagle, N., Pentland, A. S., and Lazer, D. (2009). Inferring friendship network structure by using mobile phone data. Proceedings of the National Academy of Sciences, 106(36), 15274–15278.

[16] L'opez-Pintado, D. (2008). Diffusion in complex social networks. Games and Economic Behavior, 62(2), 573–590.

[17] Young, H. P. (2009b). Innovation diffusion in heterogeneous populations: Contagion, social influence, and social learning. The American economic review, 99(5), 1899–1924.

[18] Morris, C. N. (1983). Parametric empirical bayes inference: theory and applications. Journal of the American Statistical Association, 78(381), 47–55.